管磨机有限元计算及应力分析

李建森 编著

中国建材工业出版社

图书在版编目（CIP）数据

管磨机有限元计算及应力分析/李建森编著. —北京：中国建材工业出版社, 2009.11
 ISBN 978-7-80227-615-4

Ⅰ. 管… Ⅱ. 李… Ⅲ. ①管磨机—有限元分析②管磨机—应力分析 Ⅳ. TD453

中国版本图书馆 CIP 数据核字（2009）第 192280 号

内 容 提 要

本书对管磨机（滑履磨和中空轴磨）用 ANSYS 进行有限元机械分析，按计算分析步骤，作了详细介绍，手把手地将初学者带入管磨机有限元分析的大门。此外，根据计算结果对管磨机的应力分布特点进行了深入探讨，特别是通过利用参数化设计语言 ALDL 对结构或结构参数进行反复修改的"实验计算"，总结参数归纳出结构参数对结构应力的影响，这些规律结论将直接指导管磨机的设计、安装和维护。

本书适用于机械工程专业本科生、研究生，以及从事设计、科研的工程技术人员。

管磨机有限元计算及应力分析
李建森　编著

出版发行：中国建材工业出版社
地　　址：北京市西城区车公庄大街 6 号
邮　　编：100044
经　　销：全国各地新华书店
印　　刷：北京鑫正大印刷有限公司
开　　本：710mm×1000mm　1/16
印　　张：8.5
字　　数：154 千字
版　　次：2009 年 11 月第 1 版
印　　次：2009 年 11 月第 1 次
书　　号：ISBN 978-7-80227-615-4
定　　价：30.00 元（含光盘）

本社网址：www.jccbs.com.cn
本书如出现印装质量问题，由我社发行部负责调换。
联系电话：(010) 88386906

前　言

　　管磨机，作为建材、冶金、非金属、电力等部门的关键设备之一，它的正确的力学分析是其合理设计、制造、安装、维护的基础，直接关系到管磨机本身、粉磨系统，乃至整个生产线的正常运转和经济效益。然而多年来，由于没解决好管磨机的受力分析问题，其设计上有一定的盲目性，使之运转中经常出现一些机械事故，往往使人为之困扰，不得其解。特别是近年来，为最大限度提高生产效率，获得最大的经济效益，设备大型化、一线单机、大型关键设备的重要元部件因价格昂贵没有库存的现象十分常见，一旦因机械故障而导致整条生产线瘫痪，将造成巨大经济损失。所以合理进行管磨机的受力分析，合理设计、制造、安装、维护、保证设备结构的强度、刚度、动态特性等良好的运转状态，成为我们必须接受的挑战。然而，以往作为我们进行机械分析基础的经典材料力学、弹性力学、板壳理论解析法，虽然给出了关于外力、应力应变和位移间关系的微分方程，但只有在构件形状和受力状况都很简单的状况下，才能导出微分方程的解析解，对稍稍复杂一点的实际问题还是无能为力。近年来的有限元技术在解决实际结构分析问题方面取得了划时代的进步，这种技术借助计算机技术和数字化技术的飞速进步得以迅速发展。国际上涌现出了大量通用大型有限元软件，使有限元技术在几乎所有行业中都得到了广泛应用。在国外水泥工业中，有限元技术在机械设备的分析研究和结构优化中早已大量应用，而且已经比较成熟。近年来，我们国内，对水泥机械设备，如管磨机、回转窑、辊压机等，也开始应用有限元技术进行设备的应力应变分析工作，取得了成效，应用范围也不断扩展。有限元分析已经被越来越多的人所接受，越来越多的人想通过应用成熟的有限元软件应用有限元技术。而 ANSYS 是大量的有限元通用分析软件中的先行者和佼佼者。本书旨在介绍我们应用 ANSYS 进行管磨机分析中的经验、体会，帮助大家学习使用 ANSYS，并且全面深入理解管磨机的应力状态和应力分布特点，克服设计上的盲目性，对人们长期为之困惑的争论得出令人折服的结论，使在设备维护中，正确诊断，措施得当。所以本书既是学习使用 ANSYS 进行管磨机有限元计算分析的入门书，又是讨论管磨机设计、制造和维护的参考书。

　　本书内容安排如下：

　　第 1 章针对有限元、ANSYS 的初学者，对有限元法出现的背景、基本思想和 ANSYS 软件做一些简单介绍。还对应用 ANSYS 分析计算的基本步骤和两种操作模式，结合实例给出具体解释。通过这些准备知识的介绍，手把手地把初学者领进用 ANSYS 进行分析计算的大门。

第 2 章"滑履磨的计算和分析"，是全书的核心部分，以 $\phi 4.4\text{m} \times 15\text{m}$ 筒体轮带一体化滑履磨为对象，按计算分析步骤详细讨论磨机分析计算的总体策划、模型建立、网格划分、边界条件、载荷处理和施加、求解和后处理。这部分内容是应用 ANSYS 分析计算管磨机或其他设备的人应该掌握的。本章的另一重点是对计算结果的分析结论，它分跨间筒体、支承部分、滑履瓦三部分对这种磨机机械结构应力状态、应力分布特点进行了深入探讨。继之又通过实验计算，讨论了结构参数对应力的影响。对这部分内容，无论对有限元有没有兴趣，掌握它都是重要的。本章还将内容扩展到筒体轮带法兰连接式滑履磨等的计算分析。

第 3 章"中空轴磨的计算和分析"，与第 2 章内容结构类似，对平端盖中空轴磨和锥形端盖中空轴磨分别进行了计算分析，并分析了应力状态、应力分布特点和结构参数对结构应力的影响。由于分析计算方滑履磨法与滑履磨基本类似，所以对中空轴磨，只重点介绍它们与滑履磨的不同之处。本章还给出了滑履磨与中空轴磨在应力分布特点方面的比较。

另外，对本书内容、文字做如下说明：

1. 对书中只给出数值，没给出单位的力、长度和应力，除特别说明，它们的单位一律分别为 N（牛），m（米）和 N/m^2（牛/米^2）。

2. 对类型未加限定说明是"轮带和筒体一体化"还是"轮带和筒体法兰连接"的滑履磨，一般指前者类型的滑履磨。

3. 书中给出的图形均为黑白版。而 ANSYS 给出的应力云图为彩色，而且不同的颜色相应于各自的应力水平。另外 ANSYS 给出的应力路径图用不同颜色的应力曲线代表不同的应力。为保持这里的彩色效果，随书带有显示彩色图形的光盘。

建议有限元计算初学者借助专门资料学习有关运行 ANSYS 的起步知识，一般读者可跳过有关 ANSYS 有限元计算过程内容，直接阅读计算结果和对结果的分析，有关应力状态、应力分布和结构参数影响的讨论等。

由于笔者理论水平低，实践经验又少，书中难免存在错误和疏漏之处，恳切希望读者批评指正。在管磨机计算分析过程中得到了天津水泥设计院磨机专家宁长存、李雄波等同志在粉磨理论和技术方面的指导以及尤小平、詹望等同志在计算机技术方面的热情帮助，这里表示诚挚的谢意。

作 者

2009. 6

目　　录

第 1 章　准备知识 ··· 1

  1.1　弹性力学中应力、应变的基本概念 ······································ 1
    1.1.1　应力 ·· 1
    1.1.2　位移及应变，几何方程和物理方程 ································ 2
  1.2　有限元法与 ANSYS ·· 3
    1.2.1　有限元法的发展和 ANSYS 简介 ···································· 3
    1.2.2　有限元的基本思想 ·· 4
    1.2.3　ANSYS 的两种工作模式 ··· 5
    1.2.4　用 ANSYS 进行结构计算分析的基本步骤 ························· 5

第 2 章　滑履磨的计算和分析 ··· 10

  2.1　计算磨结构特点，计算分析基本构想和计算模型基本数据 ········· 10
  2.2　基本参数输入 ·· 12
  2.3　单元类型、材料属性、实常数的设定 ································· 13
  2.4　几何模型建立和网格划分 ·· 14
    2.4.1　磨体 ·· 14
    2.4.2　滑履瓦 ··· 17
    2.4.3　压力杆 Link10 单元的生成 ··· 19
  2.5　边界条件 ·· 19
  2.6　载荷 ·· 20
    2.6.1　自重载荷和"当量密度" ·· 20
    2.6.2　研磨体和物料载荷及其基本参数 ································· 20
    2.6.3　研磨体和物料载荷的施加 ··· 22
  2.7　求解 ·· 32
  2.8　计算结果和分析结论 ··· 32
    2.8.1　磨体跨间筒体区 ··· 32
    2.8.2　支承区 ··· 43

  2.8.3 滑履瓦 ……………………………………………………… 50
 2.9 轮带、筒体一体化滑履磨结构参数对应力状态的影响 …………… 58
  2.9.1 $\phi 4.2\text{m}\times 13\text{m}$ 滑履磨计算模型磨基本数据和计算 …… 59
  2.9.2 结构参数对应力的影响 …………………………………… 67
 2.10 轮带和筒体法兰连接滑履磨的计算 ……………………………… 71
  2.10.1 计算轮带法兰连接滑履磨模型基本数据和计算处理 …… 72
  2.10.2 计算结果和分析 …………………………………………… 72
  2.10.3 结构参数对应力的影响 …………………………………… 76
 2.11 滑履磨人孔处的应力计算 ………………………………………… 78
  2.11.1 基本数据和假设 …………………………………………… 79
  2.11.2 几何模型和网格划分 ……………………………………… 79
  2.11.3 加载 ………………………………………………………… 89
  2.11.4 计算结果 …………………………………………………… 91

第3章 中空轴磨的计算和分析 ……………………………………………… 93

 3.1 平端盖中空轴磨 …………………………………………………… 93
  3.1.1 改造的计算平端盖中空轴磨计算模型基本数据和计算 …… 93
  3.1.2 平端盖中空轴磨计算结果和分析结论-平端盖磨与滑履磨
     应力分布特点比较 ………………………………………… 95
  3.1.3 结构参数对应力的影响 ………………………………… 111
 3.2 锥形端盖中空轴磨 ………………………………………………… 115
  3.2.1 计算锥形端盖磨计算模型基本数据 …………………… 115
  3.2.2 锥形端盖磨计算模型的建立，载荷和边界条件处理 …… 116
  3.2.3 计算结果和应力分布特点 ……………………………… 118
  3.2.4 结构参数对应力的影响 ………………………………… 126

参考文献 …………………………………………………………………………… 128

第1章 准备知识

1.1 弹性力学中应力、应变的基本概念

用有限元法，借助有限元通用软件求解工程问题，并不要求必须掌握许多弹性力学理论，但是应力、应变是我们必须打交道的最基本的东西。所以先介绍一下应力、位移和应变的基本概念，应变和位移的关系——几何方程，应力和应变间的关系——物理方程。

1.1.1 应力

应力是反映物体某一点处受力程度的力学量。通过物体内一点做不同方向的截面，得到不同的应力矢量。通过一点各个截面上应力情况的总和，称为一点的应力状态。为描述一点的应力，在该点取一微小平行六面体，它的六个面垂直于坐标轴，如图1-1所示。将每个面上的应力分解为分别与三个坐标轴平行的一个正应力和两个剪应力。为表示正应力的作用面和作用方向，可用一个角码表示，例如正应力 S_x 是作用在垂直于 x 轴的面上同时也沿 x 轴方向的应力。剪应力用两个角码：第一个角码字母表示用面垂直于哪个坐标轴，第二个角码表示作用方向沿哪个坐标轴。例如，S_{xy} 表示作用在垂直于 x 轴面上且沿 y 轴方向的应力。

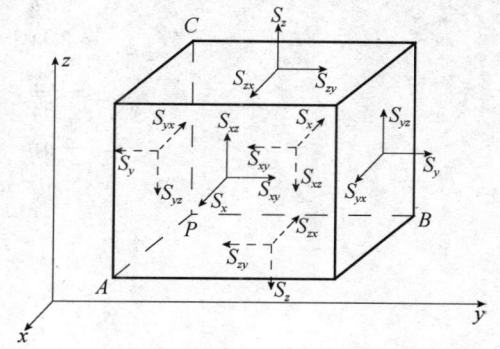

图1-1 任意点 P 处的应力分量

如果一个面的外法线方向沿坐标轴正向，这个面上的应力就以沿坐标轴正方向为正，沿坐标轴负方向为负。相反，如果一个面上的外法线沿坐标轴负方向，这个面上的应力沿坐标轴负方向的为正，沿坐标轴正方向的为负。图1-1中表示的应力都是正的。六个剪应力并不是互不相关的。根据图中微小六面体的平衡条件，可以得到：

$$S_{xy} = S_{yx}, \quad S_{yz} = S_{zy}, \quad S_{zx} = S_{xz}$$

这是剪应力互等定律：作用在两个互相垂直的面上并垂直于该两面交线的剪应力是互等的。因此，剪应力的两个角码可以互换。一般，用 S_{xy} 统一地代表 S_{xy} 和 S_{yx}，用 S_{yz} 统一地代表 S_{yz} 和 S_{zy}，用 S_{zx} 统一地代表 S_{zx} 和 S_{xz}。可以证明，如果知道了 P 点的六个应力，S_x，S_y，S_z，S_{xy}，S_{yz}，S_{zx}，就可以知道该点任何面上的正应力和剪应力。因此这六个量完全可以确定该点的应力状态。

1.1.2 位移及应变，几何方程和物理方程

弹性体受外力将发生位移和变形，也即发生位置移动和形状的改变。弹性体任一点的位移，用它在坐标轴 x，y，z 上的投影 u，v，w 表示，以沿坐标轴正向为正，沿坐标轴负向为负。

在弹性体内任一点沿坐标轴方向取三个微小线段，弹性体变形后，这三个线段的长度以及线段间的直角都有所改变。线段单位长度的伸缩称为正应变。线段间直角的改变称为剪应变。正应变用 ε 表示。ε_x 表示 x 方向的正应变，余类推。正应变以伸长为正。剪应变用 γ 表示，γ_{xy} 表示 x，y 两方向线段间直角的改变，余类推。剪应变以直角变小为正。剪应变与剪应力正负号规定相对应。

应变分量与位移分量间有一定的几何关系。只考虑微小的位移和应变，不计它们的二次幂和更高次幂，此种关系可表示为：

$$\varepsilon_x = \frac{\partial u}{\partial x}$$

$$\varepsilon_y = \frac{\partial v}{\partial y}$$

$$\varepsilon_z = \frac{\partial w}{\partial z}$$

$$\gamma_{xy} = \frac{\partial u}{\partial y} + \frac{\partial v}{\partial x}$$

$$\gamma_{yz} = \frac{\partial v}{\partial z} + \frac{\partial w}{\partial y}$$

$$\gamma_{zx} = \frac{\partial w}{\partial x} + \frac{\partial u}{\partial z}$$

假定所论弹性体连续、均匀、完全弹性、各向同性，则应力分量和应变分量有如下关系：

$$\varepsilon_x = \frac{S_x}{E} - \mu \frac{S_y}{E} - \mu \frac{S_z}{E}$$

$$\varepsilon_y = \frac{S_y}{E} - \mu \frac{S_z}{E} - \mu \frac{S_x}{E}$$

$$\varepsilon_z = \frac{S_z}{E} - \mu \frac{S_x}{E} - \mu \frac{S_y}{E}$$

$$\gamma_{xy} = \frac{S_{xy}}{G}$$

$$\gamma_{yz} = \frac{S_{yz}}{G}$$

$$\gamma_{zx} = \frac{S_{zx}}{G}$$

这就是表达应力和应变间关系的物理方程第一种形式。式中 E 是弹性模数，G 是剪切弹性模数，μ 是泊松比。三者有如下关系：

$$G = \frac{E}{2(1+\mu)}$$

由以上关系，可以得到物理方程的第二种形式：

$$S_x = \frac{E(1-\mu)}{(1+\mu)(1-2\mu)} \left(\varepsilon_x + \frac{\mu}{1-\mu}\varepsilon_y + \frac{\mu}{1-\mu}\varepsilon_z \right)$$

$$S_y = \frac{E(1-\mu)}{(1+\mu)(1-2\mu)} \left(\frac{\mu}{1-\mu}\varepsilon_x + \varepsilon_y + \frac{\mu}{1-\mu}\varepsilon_z \right)$$

$$S_z = \frac{E(1-\mu)}{(1+\mu)(1-2\mu)} \left(\frac{\mu}{1-\mu}\varepsilon_x + \frac{\mu}{1-\mu}\varepsilon_y + \varepsilon_z \right)$$

$$S_{xy} = \frac{E}{2(1+\mu)} \gamma_{xy}$$

$$S_{yz} = \frac{E}{2(1+\mu)} \gamma_{yz}$$

$$S_{zx} = \frac{E}{2(1+\mu)} \gamma_{zx}$$

1.2 有限元法与 ANSYS

1.2.1 有限元法的发展和 ANSYS 简介

科技领域的大量工程分析问题，可归结为在给定边界条件下求解控制方程问题。在这些问题中，能用解析法得出精确解的只是少数性质比较简单的方程，而且这些问题的几何形状相当规则。对大多数实际工程问题，由于求解对象的几何形状都比较复杂，或者是由于问题的非线性性质，无法得到问题的解析解。要解决这一问题，一种办法是简化假设，将方程和几何边界条件简化为能处理的程度。但过多的简化可能导致结果错误。另一个办法是借助计算机技术的发展，采用数值计算方法求解复杂工程问题，以获得问题的近似解。目前在工程技术领域，数值分析方法主要有：有限元法、边界元法和有限差分法等，而有限元法是当今工程问题中应用最广泛的数值计算方法。

有限元法起源于20世纪50年代航空领域飞机结构强度分析。它首先是在结构分析领域中应用和发展起来的，但它还可以解决传热学、流体力学、电磁学和声学等领域的问题。由于有限元法计算精度高、实用有效，所以它已经成为各类工业产品优化设计和性能评估的可靠依据，并且成为工程设计不可缺少的一种重要方法。特别是，科技人员又将有限元理论、数值计算技术和计算机辅助设计计算等技术相结合，开发出一批通用软件，ANSYS是其中的先行者和佼佼者。

ANSYS是融结构、流体、电场、磁场、声场分析于一体的大型通用有限元分析软件，由世界上最大的有限元分析软件公司——美国ANSYS公司开发，具有与Pro/Engineer，NASTRAN，Alogor，I-DEARS，AutoCAD等多种CAD软件相连的数据接口，可实现数据共享和交换。ANSYS软件可广泛应用于机械制造、石油化工、轻工、造船、航空航天、汽车交通、电子、土木工程、水利等诸多工业领域及科学研究。它由前处理模块、分析模块和后处理模块组成，具有强大的几何建模、网格划分、参数设置和与CAD软件无缝集成的强大前处理能力，强大加载求解能力和后处理能力。ANSYS不但功能强大，而且界面友好、操作灵活、易学易懂，所以获得越来越广泛的应用。

1.2.2 有限元的基本思想

有限元法（Finite Eleent Method，FEM）实质上是把具有无限个自由度的连续系统，近似等效为只有有限个自由度的离散系统，使问题转化为适合于数值求解的数学问题。

从力学上讲，有限元是先把连续体划分为有限个形状规则的小块体，称之为单元。两相邻单元之间通过若干点互相连接，这些连接点称为节点。把作用于各单元上的外载荷，按虚功原理转化为各单元的等效节点载荷向量，用划分后的有限个小单元的集合体，代替原来的连续体。这一步称结构的离散化。然后，以节点位移为基本未知量进行研究，这是工程上广泛采用的位移法。它根据分块逼近整体的构思，选取一个简单多项式函数近似表达各位移分量的分布规律，并把单元内任意点的位移分量写成统一形式的位移插值函数式，实现通过节点位移向量，表达单元内任一点的位移、应变和应力、引入几何方程、物理方程等。同时，还要保证单元在平衡、连续和物理性质等制约条件下，利用变分或虚功原理建立单元节点力向量和节点位移向量间的特性关系。最后，通过节点平衡或协调条件，将各单元的特性关系组集合成整体连续体的特性关系，即建立整体连续体节点载荷和节点位移间的关系，得到一组以节点位移为未知量的多元一次联立方程组，再引入边界条件，就可得到数值解。有限元法的基本步骤为：结构离散化，选择插值函数，建立控制方程，求解节点位移和计算单元中的其他导出量。

1.2.3 ANSYS 的两种工作模式

ANSYS 提供了两种工作模式，即人机交互模式（GUI）和命令流模式。GUI 模式由窗口、菜单、对话框和其他一些组件组成。在这些组件上，用户只要用鼠标单击按钮或在相应位置输入相应值就可完成数据输入或命令执行，直观易懂。但当进行复杂的模型计算或需要对模型反复修改重复计算时，这种模式就显得烦琐、费时。命令流模式，是用 APDL（ANSYS Parametric Design Language）参数化设计语言编写程序，代替 GUI 模式操作，自动完成所需工作。这种参数化设计语言由类似于 FORTRAN77 的程序设计语言和 1000 多条 ANSYS 命令组成，提供参数、数值、矢量和矩阵运算，流程控制，宏及用户子程序等功能。通过 APDL 参数化设计语言，可以实现参数化材料定义，参数化建模，参数化划分网格，参数化加载和边界条件定义，参数化控制求解和参数化的结构后处理。本书在管磨机计算中的大部分分析计算中采用混合模式，即根据具体情况交替采用这两种模式。而在探讨结构和结构参数对结构应力的影响时，需反复改变结构或结构参数，反复进行实验计算，就基本上采用命令流模式，非常便捷。

1.2.4 用 ANSYS 进行结构计算分析的基本步骤

用 ANSYS 进行结构计算分析类型中，静力分析是非常重要的形式，同时又是最简单、最基本的分析形式，是非线性分析、动力学分析等其他分析的基础。本书进行的管磨机有限元分析计算基本属于静力分析。进行有限元分析计算前，首先对计算结构、载荷、支承约束和各环境因素等进行简化处理，突出主要特点，略去次要因素。在简化处理后即可进入有限元分析。在 ANSYS 中进行结构静力有限元结构分析大概分如下几大步骤：

1. 定义参数；
2. 建立几何模型；
3. 划分网格；
4. 施加边界条件约束；
5. 施加载荷；
6. 求解；

7. 后处理，结果分析。

下面将通过一个计算实例，以两种模式详细介绍 ANSYS 有限元分析过程，带领初学读者走入有限元分析的大门。

【实例】

一钢制悬臂梁（图1-2），自由端受集中力 $p = 10000N$，梁长度 length = 2m，宽度 width = 0.05m，高度 height = 0.1m。试得出变形图。

我们在本例计算中约定，长度单位一律取 m，力单位取 N。先用 GUI 模式进行计算：

1. 定义参数。这是建立几何模型，划分网格前的准备工作。包括指定工程名和分析标题，定义单元类型，定义单元实常数，定义材料参数，定义模型几何尺寸。

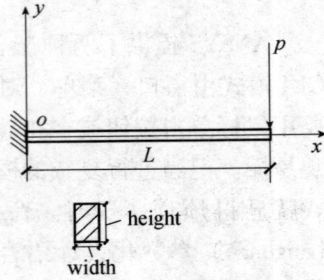

图1-2 悬臂梁

（1）指定工程名和分析标题

选择 Utility Menu/File/Change Jobname 命令，弹出"Change Jobname"对话框，在"Enter new jobname"栏中，输入文件名"Beam"。

（2）给出工作标题

选择 Utiliyt Menu/File/Change Title 命令，弹出"Change Title"对话框，在"Enter new title"栏中，输入标题"Plot Deformation of Beam"。

（3）定义单元类型

ANSYS 单元库有 100 多种单元，适用各种问题。每种单元都有单元编号和类型名。对本例，操作如下：

选择 Main Menu/Preprocessor/Element Type/Add/Edit/Delete 命令，弹出对话框"Element Type"。

单击 Add 按钮，弹出"Library of Element Type"，在其中选择"Structrural Beam"然后在对话框右侧选择栏中选择"2D elastic 3"，单击"OK"。

（4）定义实常数

单元实常数用于描绘某些单元的几何特征。是否需定义实常数，依单元类型而定。

选择 Main Menu/Preprocessor/Real Constants/Add/edit/Delete 命令，弹出"Real Contants"对话框。在"Area"栏中输入梁横截面面积 0.1 * 0.05，在"IZZ"中输入梁截面对 Z 轴抗弯截面惯量 $0.05 * \dfrac{0.1 * 0.1 * 0.1}{12}$，在"height"后输入梁高 0.1，单击"OK"。

(5) 定义材料特性

在 ANSYS 的所有分析中都要输入材料特性。在结构分析中必须输入材料的弹性模数和泊松比。如果分析中考虑重力，则还要输入材料密度。

选择 Main Menu/Preprocessor/Material Props/Material Models 命令，弹出"Define Material Model Behavior"窗口。在"Material Models Available"选择栏中选择 Structrual/Linear/elastic/Isotropic，弹出"Linear Isotropic Properties for Material Number 1"对话框，在"ex"框中输入 2e11，在"PRXY"框中输入泊松比 0.3。

2. 建立几何模型

(1) 生成关键点

选择 Main Menu/Preprocessor Modeling/Create/keypoint/In active CS，弹出"create Keypoint in Active Coordinate System"对话框。在"Keypoint number"框中输入"1"，在"Location in active CS"输入模型中梁最左点坐标"0"，"0"，"0"，单击"apply"。再按同样方法生成关键点 2 (2, 0, 0)。

(2) 生成线

选择 Main Menu/Preprocessor Modeling/Create/line/Straight line。在图形窗口拾取关键点 1 和 2，单击"OK"，生成线 L_1（图 1-3）。

图 1-3　生成直线 L_1

3. 网格划分

选择 Main Menu/Preprocessor Meshing/Size Ctrls/Manual Size/Global/Size，弹出"Global Element Sizes"对话框。在"Size"框中输入"0.2"，单击"OK"。

选择 Main Menu/Preprocessor/Meshing/mesh/lines，按"pick all"按钮，划分网格。

4. 施加边界条件约束

选择 Main Menu/Solution/Define Loads/Apply/Structrual/Displacement/On Nodes 命令，弹出面板"Apply U，ROT on Nodes"，拾取节点1，单击"OK"，弹出"Apply U，ROT on Nodes"对话框。选择"DOFs to be constrained"栏中的"All DOF"，单击"OK"。

5. 施加载荷

选择 Main Menu/Solution/Define Loads/Apply/Structrual/Force/Moment/On Nodes 命令，弹出面板"Apply F/M on Nodes"，拾取节点2，单击"OK"，弹出"Apply F/M on Nodes"对话框。在"Lab"栏中选择"Fy"，在"VALUE"框中输入"-10000"，单击"OK"。

6. 求解

选择 Main Menu/Solution/Solve/Current LS，弹出窗口"STATUS Command"显示计算模型求解和载荷信息和"Solve current load step"对话框，单击此框中的"OK"，程序开始计算，计算完毕显示"Solution is done！"。

7. 后处理，显示变形图

选择 Main Menu/General Postproc/Plot Results/Deformed Shape 命令，出现"Plot Deformed Shape"对话框，选择单选钮"Def + undeformed edge"，单击"OK"，出现如图1-4所示变形图。

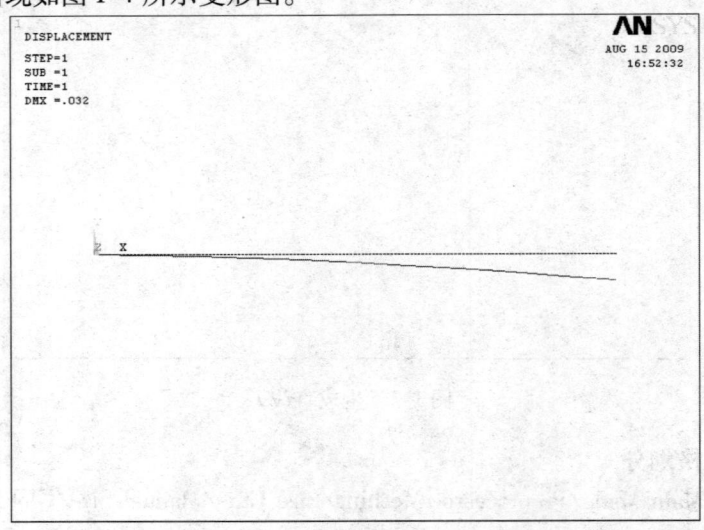

图1-4 变形图

求解的命令流如下：
/Filename,BEAM ！指定工作文件名
/Title,Plot Deformation of Beam ！指定标题
l = 2
height = 0.1
width = 0.05
sec = width * height
j = width * height * 3/12

/prep7	！进入前处理器
Et,1,beam3	！定义单元类型
R,1,sec,j,height	！定义实常数
Mp,ex,1,2e11	！定义材料弹性模数
Mp,prxy,1,0.3	！定义材料泊松比
K,1,0,0,0	！定义关键点1
K,2,2,0,0	！定义关键点2
L,1,2	！连接关键点1,关键点2成直线
Esize,2	！设定单元尺寸
Lmesh,1	！对线划分网格成线单元
Finsh	！结束前处理
/sol	！进入求解器
D,1,all	！在节点1处加上全部约束
F,2,fy,-10000	！在节点2处加集中载荷 fy = -10000N
Solve	！求解
/post1	！进入后处理器
Pldisp	！绘制变形图

第 2 章　滑履磨的计算和分析

本章将主要以 $\phi 4.4 \text{m} \times 15 \text{m}$ 轮带筒体一体化滑履磨为计算磨，进行 ANSYS 有限元计算和分析。我们将混合使用 GUI 模式和命令流模式，按步骤详细讨论，带领读者慢慢进入管磨机有限元分析的大门。这部分是全书的重点。因为这里介绍的方法，不仅适用于滑履磨也适用于中空轴磨。除 ANSYS 有限元计算，还用计算结果对滑履磨的应力状态，进行深入的分析探讨。特别是，还以 $\phi 4.2 \text{m} \times 13 \text{m}$ 轮带筒体一体化滑履磨为对象，用 APDL 参数化语言编写命令流计算分析，讨论了该种磨结构参数对应力的影响，给出一些规律性的结论，这将是从事管磨机研究设计、制造、维护的一般技术人员都很感兴趣的。

2.1　计算磨结构特点，计算分析基本构想和计算模型基本数据

该磨关于过横截面中心铅直纵剖面对称，但磨体纵向左右并不对称。为简化计算，保持中间 50mm 加厚段长度不变，其左右长度不等的 42mm 厚段总长也不变，但将 42mm 左右两段总长之半分别置于 50mm 段两侧。另外假设两端轮带尺寸相同，模型中均取卸料端轮带尺寸，这样就得到轴向左右也对称的结构（图2-1）。用对称面Ⅰ-Ⅰ，Ⅱ-Ⅱ切割磨体，取出 $\dfrac{1}{4}$ 结构作为计算模型。采用直角坐标，如图 2-1 所示，坐标原点为过跨距中点横截面的中心，Z 轴沿磨体轴线方向，Y 轴铅直向上。由于我们最主要追求的是应力分布特点，这里关

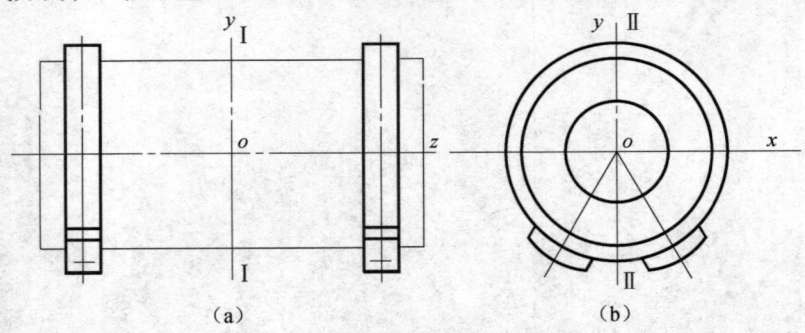

图 2-1　滑履磨简示意图

于磨体左右对称的假设会带来一些误差，但这是完全可以接受的。这样假设换来的是大量节省单元和节点的好处。另外，视托瓦与凸球体为一体。在我们的计算模型中，既包括本来就连在一起的筒体、轮带和筋板的磨体，也包括滑履瓦。磨体通过凸球体支承在与机座固连的凹球体上。

磨体的筒体为圆柱壳，似乎选用壳单元比较合适。然而圆柱壳是取其中面研究的。这种单元节点有六个自由度（三个位移自由度 U_X，U_Y，U_Z 和三个转动自由度 ROT_X，ROT_Y，ROT_Z），与之相连的轮带和筋板部位将采用三维实体单元。而这种三维实体单元每个节点只有三个位移自由度（U_X，U_Y，U_Z）。这就出现以中面描绘的壳体筒体与轮带连区域结构连接处自由度不协调的麻烦。为回避这一问题，磨体各部分以及滑履瓦均采用三维实体单元 Solid45。磨体网格划分，周向半环内分为 30 格（环向 6°一格）。近支承区应力分布复杂，随着靠近支承，网格轴向分得逐渐变细。

在我们的计算模型中既有磨体和又有支承瓦，都作为弹性体，处于一个计算模型中，如何准确模拟轮带与滑履瓦的实际装配关系呢？我们尝试在轮带和轴瓦的径向对应节点间安置杆单元 Link10，来虚拟实现它们间的装配关系。这种杆很短，并令其只受压，不受拉，两端分别为滑履瓦瓦面上节点和轮带表面径向相应节点。图 2-2 是表示轮带，滑履瓦和短杆 Link10 连接关系的示意图。为看清结构，Link10 长度被大大地夸大了，实际在本例计算中设定只有 1mm。这样，滑履瓦只在径向当轮带上的点要压向滑履瓦时才构成对轮带的约束，而当轮带上点要离开托瓦上相应点时轮带不会被托瓦牵拉。同时，轮带与滑履瓦各点，在轴向和切向自由。这完全符合轮带和托瓦间装配特点。

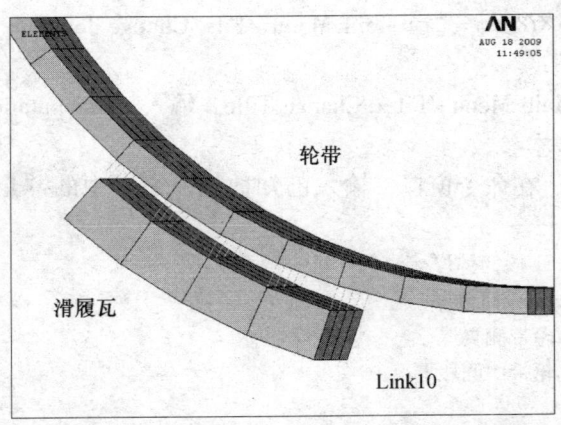

图 2-2　轮带，滑履瓦，Link10 结构关系示意图

该计算模型主要尺寸如图2-3。另外，研磨提体装载量262t，回转部分总重255.9t。

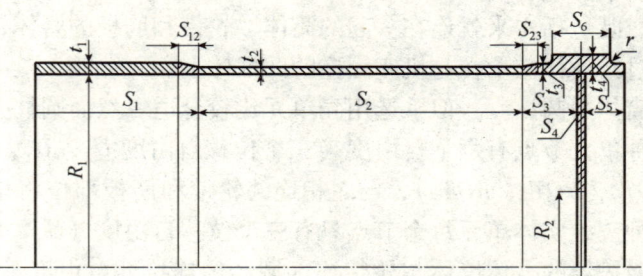

单位：m

S_1	S_2	S_3	S_4	S_5	S_6	S_{12}	S_{23}	R_1
3	3.93	0.575	0.09	0.575	0.8	0.1	0.07	2.2
r	R_2	t_1	t_2	t_3	t_4			
0.02	0.9	0.05	0.042	0.05	0.09			

注：滑履瓦环向弧面弦长1.2，轴向宽度0.8。

图2-3 计算模型主要尺寸

2.2 基本参数输入

我们约定输入参数单位基本量、长度、质量、时间单位分别为m，kg，s。其他量单位为导出单位。例如，力单位为N，弹性模数单位为N/m^2，密度单位为kg/m^3。

指定工程名和分析标题

（1）启动ANSYS，选择Main Menu /File/Change Jobname，在出现的对话框中输入"Mill"。

（2）选择Main Menu /File/ Change Title，输入"Computation of Tube Mill"。

（3）输入基本参数。

参照图2-3，在命令窗口，输入已知数据。命令中的"!"后的文字为命令语句的解释。

```
t1 = .05      ! S1 段筒体厚
t2 = .042     ! S2 段筒体厚
t3 = .05      ! 轮带侧翼厚
t4 = .09      ! 轮带中间段厚
S1 = 3
S2 = 3.93
S3 = .575
```

```
S4 =.09
S5 =.575
S6 =.8
S7 =.8
S8 =.13
S23 =.07
R1 =2.2    ！筒体内半径
R2 =.9     ！筋板孔半径
```

2.3 单元类型、材料属性、实常数的设定

1. 定义单元类型

我们将定义两种单元类型。为磨体和滑履瓦，定义单元类型1，Solid45。压力杆定义单元类型Ⅰ，Link10。在 GUI 模式下具体操作如下：

(1) 选择 Main Menu/Preprocessor/Element Type/Add/Edit/Delete 命令，弹出"Elemet Type"对话框。

(2) 单击"Add…"按钮，弹出"Library of Element Type"对话框。选择"Structral Solid"选项，在其右侧选择栏选择"brick 8 node 45"，单击"Apply"。

(3) 在"Library of Element Type"对话框中选择"Structrual Link"，在右边的选择栏中选择"3D bilinear 10"，单击"OK"。

(4) 在"Element Type"对话框中选择"Type 2"选项，单击"Options…"按钮，弹出"Link10 Element Type Options"对话框。

(5) 在"K3"选择栏中选择"Compression only"，单击"OK"。

2. 定义材料属性

材料属性有两种。材料1 (Material 1) 是磨体材料属性，因为要考虑磨体的自重载荷，所以除设定弹性模数 $EX = 2 \times 10^{11} N/m^2$ (2E11)，泊松比 PRXY = 0.3 外，还要将密度 DENS 设定为"当量密度"= $17786 kg/m^3$ (详见2.6.1)。材料2 (Material 2) 是滑履瓦和压力杆的材料属性，不考虑自重，只设定弹性模数和泊松比，数值同材料1。

(1) 选择 Main Manu/Preprocessor/Material Props/Material Models 命令，弹出"Define Material Model Behavior"窗口。

(2) 选择 Structrual/linear/Elastic/Isotropic 命令，弹出"Linear Isotropic Properties for Material Number 1"对话框。

(3) 在"EX"设置框中输入 2×10^{11} (2E11)，在"PRXY"设置框中输入0.3，"OK"。在同一对话框中设定"DENS"= 17786。

(4) 如步骤 (1)，打开"Define Material Model Behavior"窗口。单击左上角的"material"，选择"new material"，出现"Define Material ID"对话框，在

设置框中设"Material ID"为2。这时,窗口上出现已被选中的"Material Model Number 2"。

(5)如步骤(3),输入"EX","PRXY"分别为2E11和0.3。

3. 定义实常数

Link10杆单元需定义实常数。

(1)选择 Main Menu/Preprocessor/Real Constants/Add/Edit/Delete 命令,弹出"Real Constants"对话框。

(2)单击"Add…",弹出"Elemet Type for Real Constants"对话框。

(3)选择"Type 2 link10","OK",弹出"Real Constant Set Number 1, for Link10"对话框。在"AREA"栏中输入0.022。"OK"。

"0.022"为Link10杆的横截面面积,按(滑履瓦瓦面面积/Link10杆个数)的50%~60%计算,由前面图2-3已知数据,该横截面面积 $= \frac{1.2 \times 0.8}{25} \times$ (50%~60%),按0.022计算。

2.4 几何模型建立和网格划分

2.4.1 磨体

首先生成$\frac{1}{4}$磨体计算模型上部过磨机中心线铅直纵截面(下简称纵截面),将其绕磨体中心轴线旋转180°即得到$\frac{1}{4}$磨体模型。

1. 生成纵截面轮廓线关键点

我们在该轮廓线的各拐点和圆角圆弧端点及相应中心处建立关键点图2-4(a)。首先由2.1给出的数据算出各关键点坐标,圆角圆弧端点及其中心点的坐标(圆弧中心是为控制圆弧朝向)。

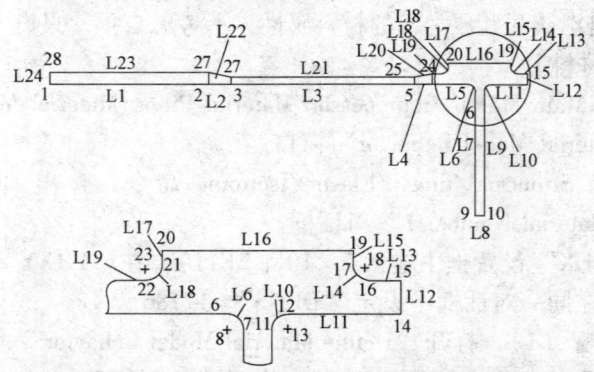

图2-4 纵截面轮廓线上的关键点和由关键点生成的直线和圆弧线

(1) 选择 Main Manu/Preprocessor/Modeling/Create/Keypoints/In Active CS 命令，弹出"Create Keypoints in Active Coordinate System"对话框。

(2) 在"Keypoint Number"栏，设置"1"，在"Location in Active CS"栏输入关键点1的坐标（0，2.2，0），单击"Apply"，生成关键点1。

(3) 类似地生成关键点2（0，2.2，2.9），3（0，2.2，3），4（0，2.2，6.93），…，28（0，2.25，0）。

2. 生成纵截面轮廓线和由此轮廓线形成的面

(1) 关键点间点连直线，圆角处画圆弧线。以关键点1，2间连线L1和圆角线L6为例说明：

选择 Main Menu/Preprocessor/Modeling/Create/Lines/Lines/Straight line 命令，出现"Create Straight…"面板，在图形窗口拾取关键点1、2，单击"OK"，生成关键点1、2间连线。

圆角弧线L6生成：

选择 Main Menu/Preprocessor/Modeling/Create/Lines/Arcs/by End KPs & Radius 命令，弹出"By End KPs & Radius"面板，输入"6"，"7"，单击"OK"，再输入"8"，然后单击"OK"，出现"Arc by End KPs & Radius"对话框，输入"Radius of the arc"，0.02。这里关键点6，7是该段圆弧的两端点。关键点8的作用是控制圆弧的朝向。圆弧半径为0.02m。

类似地生成其他各直线段和圆角圆弧段（图2-4）。

(2) 生成由纵剖面轮廓线圈成的纵剖面。

选择 Main Manu/Preprocessor/Modeling/Create/Areas/Abitrary/by lines 命令，弹出"Create Areas by L…"面板。拾取刚刚生成的纵截面轮廓线的所有直线段和弧线段，单击"OK"，生成纵截面。

3. 绕磨体轴线旋转纵截面生成磨体

先用上面建立关键点的方法建立旋转轴上的两个关键点5（0，0，0），6（0，0，8）。然后，

(1) 选择 Main Menu/Preprocessor/Modeling/Operate/Extrude/Area/About axis 命令，弹出"Sweep Area about axis"面板。

(2) 拾取刚刚生成作为"Area"的纵截面，单击"OK"，再拾取旋转轴上的两点5、6，再单击"OK"，弹出"Sweep Areas about Axis"对话框，在"Arc length in Degree"栏中，输入"180"，在"No. of Volume Segment"栏中输入"1"，单击"OK"，生成$\frac{1}{4}$磨体模型（图2-5）。

4. 网格划分的属性设置

选择 Main Menu/Preprocessor/Meshing/Mesh Attributes/Default Attribs，弹出

"Meshing Attributes"对话框,选择"Element Type Number",1 Solid45;"material Number",1。

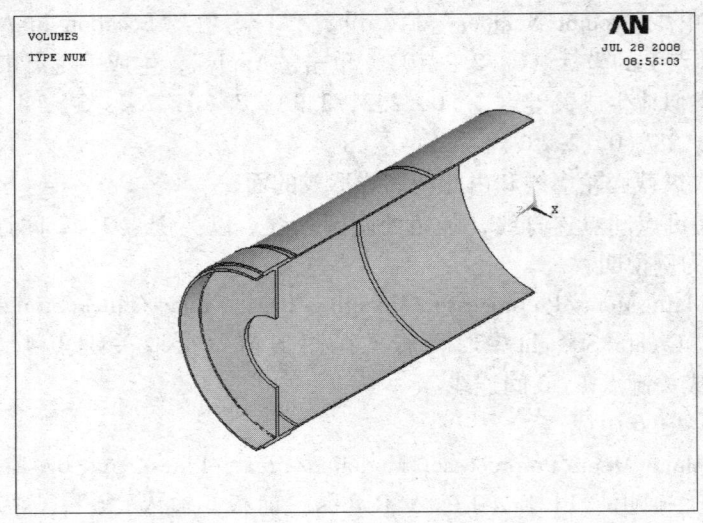

图2-5 $\phi 4.4m \times 15m$ 滑履磨磨体 $\frac{1}{4}$ 模型

5. 网格尺寸控制

在 GUI 模式下,我们将借助"MeshTool",设定各线的分格数进行网格尺寸控制。纵截面各线段分格为:L_1,L_{23} 分 10 段;L_3,L_{21} 分 15 段;L_5,L_{11} 分 2 段;L_{16} 分 4 段;L_{17},L_{19} 分 14 段。其余均为 1 段(图2-4)。经面扫描后生成的 180°弧段分 30 格(一格 6°)。例如设定 L_{23} 的分格数,在 GUI 模式下,执行:

(1)选择 Main Menu/Meshing/Mesh Tool,弹出"MeshTool"对话框,在"Size Control"栏中选择 Line,"set",弹出"Element Size on…"面板。

(2)在输入框中给出"23",单击"OK"或"Apply"后,出现"Element Size on Picked Lines"对话框,在提示"No. of Element divisions"右边的文本框中,输入"10",单击"OK"。其他线段的分格也类似处理。

(3)选择 Main Menu/Preprocessor/Meshing/Mesh/VolumeSweep/Sweep Opts 命令,弹出"Sweep Options"对话框,取消"Auto select source and Target areas"选项。在"number of divisions in sweep direction"栏中输入"30",单击"OK"。

6. 网格划分实体、形状,划分模式和最终网格划分模式

选择"MeshTool"对话框中选择划分实体为"Volume";选择形状为"Hex /Wedge",划分模式为"Sweep"。单击"Sweep"按钮,出现"Volume Sweeping"输入框,拾取磨体,单击"OK",网格生成(图2-6)。

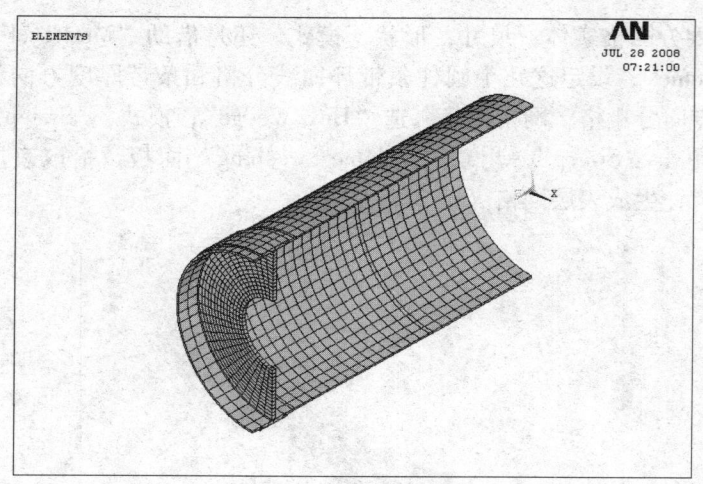

图 2-6　通过扫掠生成的 $\frac{1}{4}$ 磨体模型网格

2.4.2　滑履瓦

1. 滑履瓦几何模型的引入

滑履瓦结构比较复杂，我们单独在 Pro/E 中建立它的几何模型，然后引入 ANSYS。圆柱形瓦面半径为磨体轮带外表面半径加 Link10 长度，宽度与轮带相等。为方便在它与磨体轮带间建立 Link10 杆单元，使滑履瓦近瓦面部分网格规则整齐，与磨体轮带网格协调，通过布尔操作，将本来为一个 "体" (Volume) 的滑履瓦，分割 (Divide) 成多个 "体"。整个滑履瓦分两部分，上部表层和其余的下部（图 2-7）。上部表层 6 个圆柱瓦块中间 4 个对称于 OA，每个环向 6°。因瓦弧面环向总角度的限制，外侧两小圆柱瓦块不足 6°，而轮带的分格也是 6°。所以我们设定，滑履瓦与轮带配合区域环向在 CE 范围内，中心角 24°，轴向沿瓦全宽。切割后，又粘结 (Glue) 到一起（图 2-7）。经这样的处理，既没有改变滑履瓦的结构也没有改变瓦体的外形和尺寸。

2. 上部表层网格划分

（1）第一步设定网格属性，选择 "Element Type Number"，1 Solid45；"material Number"，2；

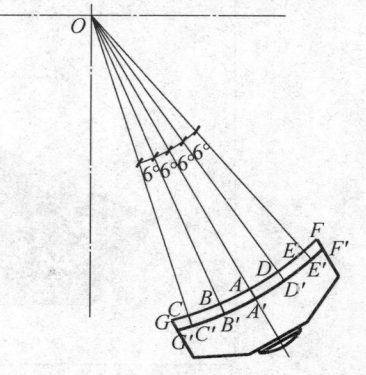

图 2-7　滑履瓦上部表层圆柱条带

17

（2）划分网格实体，尺寸，形状，模式，还是借助"MeshTool"。划分实体为"Volume"；设定这几个圆柱条带环向线分格和条带厚度方向都分1格；条带宽度方向分4格；网格形状，选"Hex/Wedge"；模式，"Sweep"。

（3）单击"Sweep"，出现"Volume Sweeping"面板，拾取表层各条块，单击"OK"，生成表层网格（图2-8）。

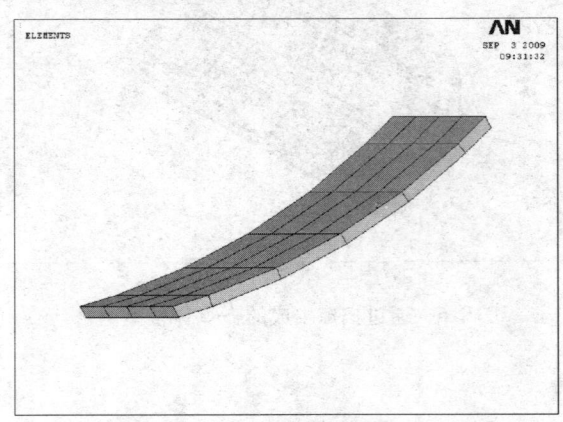

图2-8 滑履瓦表层网格

3. 瓦体表层以外部分网格划分

至于瓦体表层以外部分网格划分属性与上部表层相同。通过设定"Smart Size"进行网格尺寸控制，这里设定为6。设定网格形状为四面体"Tet"，划分模式，"Free"。再单击"Mesh"，出现"Mesh Volumes"面板，拾取瓦体下部，最后，单击"OK"，完成瓦体网格（图2-9）。

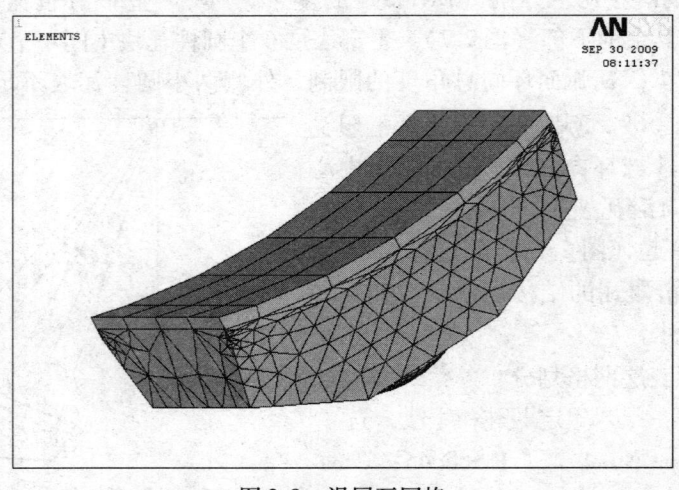

图2-9 滑履瓦网格

2.4.3 压力杆 Link10 单元的生成

滑履瓦与轮带通过径向压力杆 Link10 连接配合范围不包括滑履瓦环向端侧上的节点。这样，实际配合区在环向有 C，B，A，D，E 5 排（图 2-7），轴向也是 5 排，共 25 对节点。首先设定划分网格属性，然后依次生成这 25 个单元。在 GUI 模式下，执行：

（1）Main Menu/Preprocessor/Modeling/Create/Elemens/Element Attributes，出现"Element Attributes"出现单元属性对话框，设定单元属性。选择"Element Type Number"，2，Link10；"MaterialaNumber"，2，"RealConstant Set Number"，1，单击"OK"。

（2）Main Menu/Preprocessor/Modeling/Create/Elemens/Auto Numbered/Thru Nodes，出现"Elements from Nodes"对话框，输入相应轮带和瓦体上一对节点号，然后单击"OK"，即生成一个 Link10 单元。依次生成 25 个该种单元。

至此，完成整个计算模型的单元网格生成（图 2-10）。

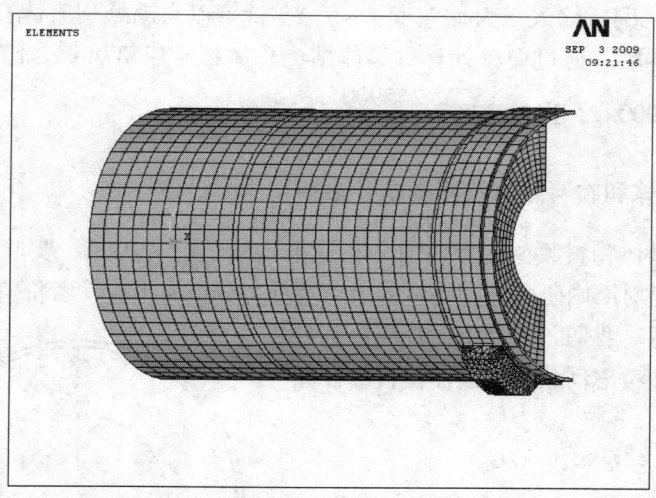

图 2-10　计算模型网格

2.5　边界条件

输入如下命令流：
Nsel,s,loc,z,0!　选择 $z=0$ 面（图 2-1，I-I 面）
D,all,uz,0　　!　该面上所有节点 Z 向位移等于 0
Nsel,s,loc,x,0!　选择 $x=0$ 面（图 2-1，II-II 面）
d,all,ux,0　　!　该面上所有节点 X 向位移等于 0

    nd = node(x1,y1,z1)   ! 由滑履瓦凸球面顶点坐标 x_1, y_1, z_1 求得其节点号 nd
    nd,all   ! 约束滑履瓦凸球面顶点 nd 所有三个方向的位移

2.6 载荷

磨体的载荷由两部分组成。一是磨体结构自重，二是磨内研磨体、物料载荷。下面分别讨论这两部分载荷。

2.6.1 自重载荷和"当量密度"

磨体自重载荷指磨体结构本身和衬板，隔仓板，相应连接件等所有内部装置的重量。其中本来连接在一起由筒体、轮带、筋板组成的磨体的几何形状、尺寸已经告诉计算机，它们的总体积已知。我们还认为，衬板、隔仓板、各种连接件等内部装置重量"均匀"地附着在磨体结构上。将这两部分重量（或质量）相加，即得磨机回转部分重量（或质量）。将这个总质量除以磨体结构体积，得到包括所有内部装置在内的磨体的"当量密度"。告诉 ANSYS 这个"当量密度"，同时输入重力加速度，ANSYS 就可以自动处理磨体自重载荷了。

具体到本磨，通过简单计算得磨体结构总体积 = 14.378m³，已知回转部分总质量 = 255900kg，当量密度 = $\dfrac{255900}{14.378}$ = 17798kg/m³。

2.6.2 研磨体和物料载荷及其基本参数

关于研磨体物料载荷在磨内的分布地准确描绘比较困难，实验研究远远不够。现有资料对磨内研磨体和物料的运动及受力分析有不少参考价值，但尚不能完全令人满意。我们利用其中比较成熟部分分析结论，如考虑动载，研磨体物料的计算载荷：

$$G = 1.37 G_0$$

G_0 为研磨体总重。

我们还假设，载荷 G 沿磨体轴向均匀分布，形成对筒体内表面的压力 p，它作用于筒体下部，作用区开始点距离通体筒体最高点环向角度 φ_0，沿筒体径向，从零由小逐渐变大，直至在横截面最低点出现最大值，关于过筒体横截面中心铅直线左右对称（图2-11）。在这里，我们的处理，

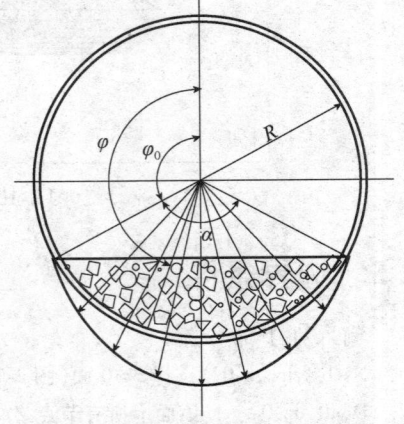

图 2-11 筒体横截面上的研磨体和物料载荷

似乎是把研磨体物料载荷看作静止的水一样作用在筒体下部。而有的资料基本与"管磨机"一书一样提到，部分研磨体物料跟随筒体一起，被带起而偏斜成与铅直成一定角度，但此角度很小。我们这里，忽略了这一很小的角度，认为过研磨体物料群重心重力作用线与铅直方向的角度为零。这样，使得无论结构，还是载荷都保持关于横截面上过中心铅直线的对称性，而且载荷不引起转矩，使计算大大简化。这里假设研磨体物料载荷作用与磨体内表面法线方向面压力：

$$p = p_0(\cos\varphi_0 - \cos\varphi) \tag{2-1}$$

式中，p_0，φ_0 为常数。现在问题是必须计算出 φ_0，p_0。

1. 研磨体和物料负荷起始角

一般研磨体连同物料在磨内的堆积容重 $\gamma = 4.5\text{t/m}^3$。本磨研磨体物料载荷作用区长度为两轮带筋板内侧面间距离。

$$L = (s_1 + s_2 + s_{23} + s_3) \times 2 = (3 + 3.93 + 0.07 + 0.505) \times 2 = 15\text{m}$$

研磨体总重 $G = 262\text{t}$，则设研磨体和物料在筒体横截面占据下半部弓形区域面积

$$F_1 = \frac{G}{L\gamma} = \frac{262}{15 \times 4.5} = 3.88\text{m}^2$$

磨体有效内半径，$R = R_1 - t_1$

R_1 为筒体内半径，t_1 为衬板平均厚度，设 $t_1 = 0.075\text{m}$

$$R = 2.2 - 0.075 = 2.125\text{m}$$

磨机有效横截面面积 $F = 3.14 \times R^2 = 14.18\text{m}^2$

填充率 $\dfrac{F_1}{F} = \dfrac{3.88}{14.18} = 27.4\%$。由图 2-11 知，有如下关系

$$\frac{R^2}{2\pi R^2} \times (\alpha - \sin\alpha) = 0.274$$

解得 $\alpha \approx 2.415 \approx 137.2°$，$\varphi_0 = 111.4°$，考虑到与网格划分协调，计算中按 $\varphi_0 = 108°$ 处理。

2. 参数 p_0

式（2-1）表示的压力 p（图 2-11）在筒体横截面上作用区各微弧段上的力在铅直方向的投影在作用区上下边界 φ_0 和 π 间的积分的 2 倍等于单位长度研磨体和物料载荷。

$$2\int_{\varphi_0}^{\pi} p_0(\cos\varphi_0 - \cos\varphi)\cos\varphi R\mathrm{d}\varphi = \left(\frac{G}{L}\right) \times 1.37 \tag{2-2}$$

这里 G 为研磨体总重。R 按筒体内径 2.2m 计算，因为在计算模型中没有衬板，认为研磨体物料载荷直接作用在筒体内表面上，由此带来的误差是可以接受的。系数 1.37 分别为考虑物料重量和计及动载对铅直载荷的影响的经验数

据。上式积分，运算后得 $p_0 = 112300\text{N}/\text{m}^2$。

2.6.3 研磨体和物料载荷的施加

研磨体物料载荷的施加有三种方法，一是将研磨体物料面载荷转化为其作用区内相应节点上的集中载荷，在 GUI 模式下加到节点上去；二是利用 ANSYS 函数加载方法；三是将研磨体体物料载荷面载转化为集中载荷，再通过 APDL 语言编写施加节点载荷命令流，自动加载。

1. 将研磨体物料面载荷转化为节点集中载荷在 GUI 模式下加载

（1）加载点

前面我们已经得到了这研磨体物料载荷在磨体轴向单位长度上作用区内各环向位置对筒体的压力面载荷表达式。现在的主要问题是如何将该种载荷的转化为的节点载荷，然后加到相应节点上去。下面针对实例计算讨论这种载荷的计算和施加。

图 2-12 为计算磨筒体内表面研磨体物料载荷作用区的展开示意图，环向从 108°至 180°，轴向从 A 至 F 为这种载荷的作用区。为简化操作，我们不打算在研磨体物料载荷作用区的每个节点上都施加载荷，而是把加载点搞得稀疏一些。对计算磨，在载荷作用区内，环向每 2 个单元拼成一个大的格块。即在环向，从 108°起至 180°分 6 大格，每格 12°。注意这里并不是改变单元网格，只是形成较大的格块，简化加载。该方格块轴向宽度仍为原相应单元宽度。在 AB 段内每格宽度 0.29m，B'C 段，每格宽度 0.262m，DE 段每格 0.2425m，BB'，CD 宽度分别为 0.1m 和 0.07m。我们将在这样形成的矩形格的角点上加载。

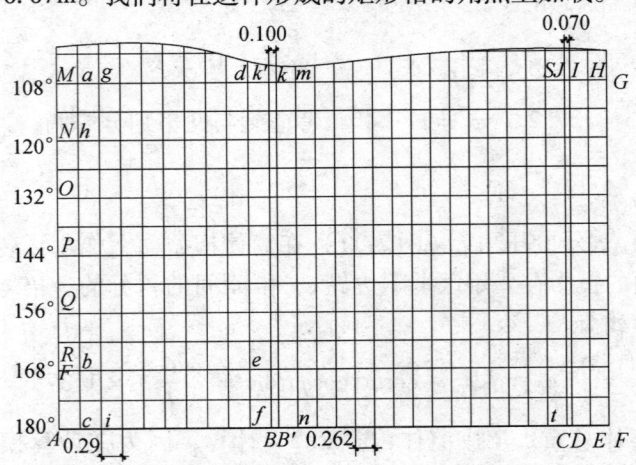

图 2-12 计算磨筒体内表面研磨体物料载荷加载大方块展开

（2）加载点节点载荷计算式

一般情况下，一个加载格点 i 被 4 个格块 A_{i1}，A_{i2}，A_{i3}，A_{i4} 环绕（图 2-13）。一般地，磨体为 α 角和 β 角间弧段单位宽度上压力 p 在铅直方向和水平方向投影总和 Q_v 和 Q_h 为

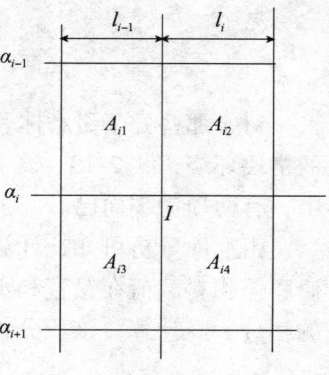

$$Q_v = \int_\alpha^\beta p_0(\cos\varphi_0 - \cos\varphi)\cos\varphi R d\varphi$$

$$= p_0 R \int_\alpha^\beta p_0(\cos\varphi_0 - \cos\varphi)\cos\varphi d\varphi \quad (2-3)$$

$$Q_h = \int_\alpha^\beta p_0(\cos\varphi_0 - \cos\varphi)\sin\varphi R d\varphi$$

$$= p_0 R \int_\alpha^\beta p_0(\cos\varphi_0 - \cos\varphi)\sin\varphi d\varphi \quad (2-4)$$

图 2-13 环绕加载点 i 的格块

考虑到格块宽度，节点 i 左上方格块 A_{i1} 的研磨体和物料引起的总铅直载荷 $R_i v_1$ 和水平载荷 $R_i h_1$ 为

$$R_i v_1 = l_{i-1} \int_{\alpha_{i-1}}^{\alpha_i} p_0(\cos\varphi_0 - \cos\varphi)\cos\varphi R d\varphi \quad (2-5)$$

$$R_i h_1 = l_{i-1} \int_{\alpha_{i-1}}^{\alpha_i} p_0(\cos\varphi_0 - \cos\varphi)\sin\varphi R d\varphi \quad (2-6)$$

类似地，对右上方格块 A_{i2}，

$$R_i v_2 = l_i \int_{\alpha_{i-1}}^{\alpha_i} p_0(\cos\varphi_0 - \cos\varphi)\cos\varphi R d\varphi = R_i v_1 \frac{l_i}{l_{i-1}} \quad (2-7)$$

$$R_i h_2 = l_i \int_{\alpha_{i-1}}^{\alpha_i} p_0(\cos\varphi_0 - \cos\varphi)\sin\varphi R d\varphi = R_i h_1 \frac{l_i}{l_{i-1}} \quad (2-8)$$

对左下方格块 A_{i3}

$$R_i v_3 = l_{i-1} \int_{\alpha_i}^{\alpha_{i+1}} p_0(\cos\varphi_0 - \cos\varphi)\cos\varphi R d\varphi \quad (2-9)$$

$$R_i h_3 = l_{i-1} \int_{\alpha_i}^{\alpha_{i+1}} p_0(\cos\varphi_0 - \cos\varphi)\sin\varphi R d\varphi \quad (2-10)$$

对右下方格块 A_{i4}

$$R_i v_4 = l_i \int_{\alpha_i}^{\alpha_{i+1}} p_0(\cos\varphi_0 - \cos\varphi)\cos\varphi R d\varphi = R_i v_3 \frac{l_i}{l_{i-1}} \quad (2-11)$$

$$R_i h_4 = l_i \int_{\alpha_i}^{\alpha_{i+1}} p_0(\cos\varphi_0 - \cos\varphi)\sin\varphi R d\varphi = R_i h_3 \frac{l_i}{l_{i-1}} \quad (2-12)$$

而这四个格块都把它们的研磨体和物料载荷的 $\frac{1}{4}$，贡献给节点 i，得到节点 i 的由研磨体和物料引起的总铅直载荷 p_{iv} 和水平载荷 p_{ih}：

$$p_{iv} = \frac{1}{4}(R_iv_1 + R_iv_2 + R_iv_3 + R_iv_4) \qquad (2-13)$$

$$p_{ih} = \frac{1}{4}(R_ih_1 + R_ih_2 + R_ih_3 + R_ih_4) \qquad (2-14)$$

对于那些处于研磨体和物料载荷区边界上的节点，不是为四个有这种载荷的格块环绕，式2-13、式2-14仍然有效，只不过等式右边括号中相加的四项中，有两项为零而已。

由上面分析可知，计算转化到节点的转化研磨体物料集中载荷关键是计算研磨体物料载荷在铅直和水平方向上投影在其作用区内相间12°各环向区段上的积分。经计算，该积分结果见表2-1。

表 2-1

	$\int_\alpha^\beta p_0(\cos\varphi_0 - \cos\varphi)\cos\varphi \mathrm{d}\varphi$	$\int_\alpha^\beta (\cos\varphi_0 - \cos\varphi)\sin\varphi \mathrm{d}\varphi$
108°~120°	0.0088595	0.018235
120°~132°	0.034555	0.0466235
132°~144°	0.067485	0.060224
144°~156°	0.1006679	0.057857
156°~168°	0.1273513	0.04133181
168°~180°	0.1422166	0.0150876

注：1. 表中数字均为绝对值。
2. 表中数值乘以 $p_0 \times R_1 = 112300 \times 2.2 = 247060$ 为加载区各环向区段单位宽度上的研磨体物料载荷铅直投影和水平投影。

(3) 加载点节点载荷确定

为方便得到所有加载点的载荷，把加载区按列分7部分（图2-12）

部分1：加载区最左列。该列左边没有格块。让我们取其上加载点 M, N 为例，计算其载荷。

对点 M，显然该点左上、右上格块载荷为0。

右下格块载荷，铅直和水平载荷分别为

$$R_Mv_4 = l_i\int_{\alpha_{i-1}}^{\alpha_i} p_0(\cos\varphi_0 - \cos\varphi)\cos\varphi R\mathrm{d}\varphi$$

$$= 0.29 \times 247060 \times 0.0088595 = 634.8(-)$$

$$R_Mh_4 = l_i\int_{\alpha_{i-1}}^{\alpha_i} p_0(\cos\varphi_0 - \cos\varphi)\sin\varphi R\mathrm{d}\varphi$$

$$= 0.29 \times 247060 \times 0.018235 = 1306.5(-)$$

最终，该点上总载荷

$$p_M v = \frac{1}{4}(Rav_1 + Rav_2 + Rav_3 + Rav_4) = \frac{1}{4}(634.8) = 158.7(-)$$

$$p_M h = \frac{1}{4}(Rah_1 + Rah_2 + Rah_3 + Rah_4) = \frac{1}{4}(1306.5) = 326.6(-)$$

对点 N，右上格块就是 M 点右下格块，其载荷不必再计算。N 点右下格块载荷

$$R_N v_4 = l_i \int_{\alpha_i}^{\alpha_{i+1}} p_0(\cos\varphi_0 - \cos\varphi)\cos\varphi R d\varphi$$

$$= 0.29 \times 247060 \times 0.034555 = 2475.8(-)$$

$$R_N h_4 = l_i \int_{\alpha_i}^{\alpha_{i+1}} p_0(\cos\pi\varphi_0 - \cos\varphi)\sin\varphi R d\varphi$$

$$= 0.29 \times 247060 \times 0.0466235 = 3340.5(-)$$

点 N 上铅直和水平载荷

$$p_N v = \frac{1}{4}(R_N v_1 + R_N v_2 + R_N v_3 + R_N v_4) = \frac{1}{4}(634.8 + 2475.8) = 777.7(-)$$

$$p_N h = \frac{1}{4}(R_N h_1 + R_N h_2 + R_N h_3 + R_N h_4) = \frac{1}{4}(1306.5 + 3340.5) = 1161.7(-)$$

类似地，容易得到点 O，P，Q，R，A 上的载荷。将该列加载点的载荷写成数组形式，从上到下 7 个加载点的铅直载荷 $Pv(i)$，$(i=1, 2, \cdots, 7)$

-158.7，-777.7，-1827.8，-3011.9，-4084.2，-4828.2，-2547.4

水平载荷 $ph(i)$，$(i=1, 2, \cdots, 7)$

-326.6，-1161.7，-1913.8，-2115，-1776.6，-1010.6，-270.2

部分 2：ac 和 df 及其各中间列。该部分格块宽度均为 0.29m，与部分 1 不同的是该部分各列左右两侧都有格块。所以按式2-13、式2-14，部分 2 各列各加载点载荷均为部分 1 环向同一位置相应点载荷的 2 倍。即该部分各列加载点从上至下铅直载荷和水平载荷分别为 $2 \times pv(i)$，$2 \times ph(i)$，$(i=1, 2, \cdots, 7)$。

部分 3：mn 和 st 及其各中间列。因载荷轴向均匀分布，同一环向位置上格块以及同一环向位置加载点上载荷与格块宽度成正比。部分 3 内格块宽度 = 0.262m。该部分各列加载点从上至下铅直载荷和水平载荷分别为 $\frac{0.262}{0.29} \times 2 \times pv(i)$，$\frac{0.262}{0.29} \times 2 \times ph(i)$，$(i=1, 2, \cdots, 7)$。

部分 4：列 $B'K$。还是根据同一环向位置加载点载荷与其位置处格块宽度成比例，列 BK' 上各点左右格块宽度分别为 0.29m 和 0.1m，则其由上至下各加载点的铅直载荷和水平载荷分别为 $k_1 \times pv(i)$，$k_1 \times ph(i)$，$(i=1, 2, \cdots, 7)$。

这里 $k_1 =$ (0.29+0.1)/0.29。类似地，$B'K$ 列加载点铅直载荷和水平载荷分别为 $k_2 \times pv(i)$，$k_2 \times ph(i)$，$(i=1, 2, \cdots, 7)$。这里 $k_2 =$ (0.1+0.262)/0.29。BB' 很窄，将 BK 列上的载荷并到 $B'K$ 列上去。最终，$B'K$ 列上各加载点从上至下铅直载荷和水平载荷分别为 $(k_1+k_2) \times pv(i)$，$(k_1+k_2) \times ph(i)$，$(i=1, 2, \cdots, 7)$。

部分 5：列 EH。该列左右格块宽度为 0.2425m，按与前面同样的考虑，该列加载点从上至下铅直载荷和水平载荷分别为 $(0.2425/0.29) \times 2 \times pv(i)$，$(0.2425/0.29) \times 2 \times ph(i)$，$(i=1, 2, \cdots, 7)$。

部分 6：列 FG。FG 列上各加载点载荷为 EH 列环向同一位置加载点载荷的一半。

部分 7：列 DI。C，D 间是筒体过渡段，宽 0.07m。与部分 4 的处理相同，CJ 列加载点，由上至下，铅直载荷和水平载荷为 $k_3 \times pv(i)$，$k_3 \times ph(i)$，$(i=1, 2, \cdots, 7)$，这里 $k_3 =$ (0.262+0.07)/0.29。DI 列上的两个方向的载荷为 $k_4 \times pv(i)$，$k_4 \times ph(i)$，$(i=1, 2, \cdots, 7)$。这里 $k_4 =$ (0.07+0.2425)/0.29。C，D 非常靠近，将 CJ 列上载荷，并入 DI 列。最终得 DI 列从上至下加载点铅直载荷和水平载荷分别为

$$(k_3+k_4) \times pv(i), (k_3+k_4) \times ph(i), (i=1,2,\cdots,7)$$

（4）GUI 模式下节点载荷的加载

下面将以部分 1，部分 2 为例详细介绍 GUI 模式下节点载荷的加载。对于部分 1，从加载点 M 到 A，自上而下，逐点加载。如 M 点：

①选择 Main Menu/Solution/Define Load/Apply/Structural/Force & Moment on Nodes 命令，出现"Apply F/M on Nodes"面板，拾取加载点 M，继之出现"Apply F/M on Nodes"对话框。

②在"Direction of force/mom"栏中输入"Fy"，在"force/momentValue"栏中输入该点节点载荷的 y 向分量，"-158.7"，单击"Apply"。这时又重新出现"Apply F/M on Nodes"面板。

③重新拾取加载点 M，继之出现"Apply F/M on Nodes"对话框。

④在"Direction of force/mom"栏中输入"Fx"，在"force/momentValue"栏中输入该点节点载荷的 x 向分量，"-326.6"，单击"OK"。至此完成一个加载点的节点的加载。

用同样的方法进行部分 1 其余加载点的加载。部分 4，5，6，7 也同样处理。

对部分 2，包括 ac 列到 df 列间，共 9 列 72 个加载点，显然一个一个逐点加载，太麻烦。不过我们可以利用在加载格块宽度相等的区域，同一行上的加载点的载荷是相等的这一特点，一行一行地加载。

①选择 Main Menu/Solution /Define Load/Apply/Structural/Force & Moment on Nodes 命令，出现"Apply F/M on Nodes"面板，选择单选钮"Box"，选择 M 行上从 a 列到 d 列的所有列上的点，单击"Apply:"，出现"Apply F/M on Nodes"对话框。

②在"Direction of force/mom"栏中输入"Fy"，在"force/momentValue"栏中输入部分 2 该行节点载荷的 y 向分量，"-158.7×2"，单击"Apply"。这时又重新出现"Apply F/M on Nodes"面板。

③重新用"Box"选择 M 行从 a 列到 d 列所有列上的点，单击"Apply"，出现"Apply F/M on Nodes"对话框。

④在"Direction of force/mom"栏中输入"Fx"，在"force/momentValue"栏中输入该点节点载荷的 x 向分量，"-326.6×2"，单击"OK"。至此完成部分 $2M$ 行加载点的节点的加载。本部分其他行加载点的加载也照此进行，并采用相应的载荷值。部分 3 也与此完全类似。

2. 使用函数编辑器和函数加载器加载

从上面把研磨体物料面载荷通过计算变为节点集中载荷，再在 GUI 模式下，加到节点上的办法的优点是直观易懂，但极为烦琐费时。然而 ANSYS 中有函数编辑器和函数加载器，它们是对付复杂载荷的施加工具。前者用于定义函数载荷，后者主要用于检索函数载荷以生成数据数组，然后转化为表格载荷施加到模型中去。下面针对计算磨，介绍按函数加载进行研磨体物料载荷的加载。

在建立计算磨的有限元模型，并施加边界约束条件后，进行如下步骤：

（1）使用函数编辑器，定义函数载荷（图 2-14）

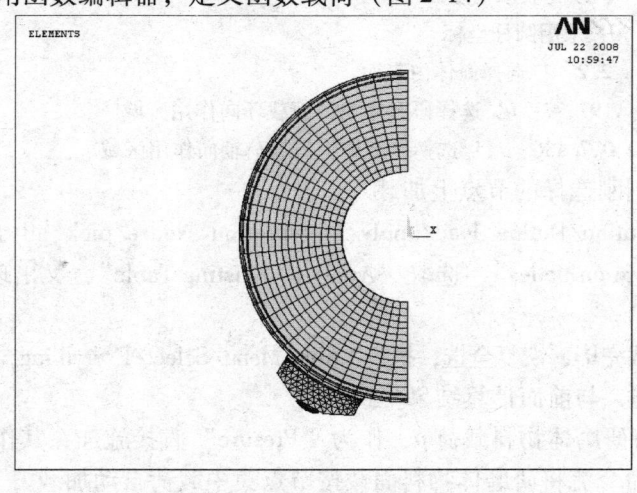

图 2-14　计算磨网格

执行：Utility Menu/Parameters/Function/Define-edit，出现对话框"Function Editor"，在框中定义载荷。在定义研磨体物料面载时应注意，在前面的分析以及一般有关磨机的资料中，人们往往将环向角度 φ 的起点放在横截面顶部（图2-11），即 ANSYS 中当前坐标系中的环向坐标大于2.6.2中分析研磨体物料载荷时使用的坐标系环向角度坐标90°。那么，计算模型中这种载荷的环向作用区在当前 ANSYS 的坐标系下在198°和270°之间。那么2.6.2中使用的环向角度 φ 与 ANSYS 中的环向角度 φ' 就有关系，$\varphi = \varphi' - 90°$，式（2-1）变成

$$p = p_0 \times [\cos(198-90) - \cos(\varphi'-90)] = p_0 \times [-0.309 - \cos(90-\varphi')]$$
$$= p_0 \times (-0.309 - \sin\varphi')$$
$$= p_0 \times (-0.309 - y/R_1) = p_0 \times (-0.309 - y/2.2)$$

R_1 为筒体内半径，对计算磨，$R_1 = 2.2m$，$p_0 = 112300N/m^2$（见2.6.2）。在"Function Editor"对话框的"Result ="后面键入函数载荷，112300 × (-0.309 - {y}/2.2)。然后，进行 GUI 操作 File/Save（给函数命名 v.func）(/OK 退出)。

(2) 使用函数加载器，并定义表参数

执行 Utility Menu/Parametrs/Functions/Read/From File 选取"V.func"，出现"Function Loader"对话框，在"Table Parameter name"一栏中给出"V"，然后单击"OK"。

(3) 选择施加节点面载的范围

在命令窗口输入如下命令流：

*afun,deg   ! 以度表示角度
Csys,1   ! 采用圆柱坐标
Nsel,s,loc,x,2.2   ! 选择筒体内表面
Nsel,r,loc,y,197,271   ! 选择研磨体物料面载环向作用区域
Nsel,r,loc,z,0,7.486   ! 选择研磨体物料载荷轴向作用区域

(4) 在刚刚选择的节点上加载

执行 Solution/Define load/apply/Pressure on Nodes/pick all 出现对话框"Apply pressure on nodes"，选取"Apply as Existing Table"，又出现下一层对话框，选择表"V"。

(5) 加载完毕，恢复全选，执行 Utility Menu/Select/Everything，最后求解。
经后处理，与前面计算结果一致。

也可以将研磨体物料载荷 p，作为"Presure"直接施加在其作用面上。

3. 编写命令流将研磨体物料面载按节点集中载荷自动加载

为克服在 GUI 模式下按集中载荷施加研磨体物料载荷加载烦琐费时又容

易出错的问题，也可以用 APDL（Ansys Parametric Design Language）编写命令流，将 1. 计算出 7 部分的加载点载荷，代替人工操作，实现自动加载。这里一个重要的工作是发现加载区内加载节点的编号规律。因为网格已经生成，有关节点位置、排列等全部信息已经存在。例如对本例计算，在部分 2，要将从 ac 列至 df 列进行节点载荷加载（图 2-12）。这些节点中的同行节点，载荷相同，而它们的节点号，除最下一行（A 行）外，从 ac 列向 df 列，相邻列上节点的节点号递增 14，最下一行递增 1。而除最下一行（A 行）外，同列节点的节点号自上而下按行递减 1，实际上加载节点的节点号递减 2，因为我们是在加载格块的角点上加载，而这种格块是由环向相邻单元两两合并而成（2.6.3 的 1）。如果 M 行 ac 列节点 a 节点号是 n_1，则点 g 节点号为 n_1+14，点 h 点节点号为 n_1-2，以至 d 点节点号为 $n_1+14\times 8$，点 b 节点号为 $n_1-2\times 5$。若最下一行的点 c 节点号为 n_2，则 i 点的节点号为 n_2+1…而点 a 的节点号 n_1，可用 APDL 语言中的语句 $n_1=$ NODE（xa，ya，za）得出。这里 xa，ya，za 为点 a 的坐标。点 c 的节点号 n_2 也可同样得到。部分 3 以及其他部分的情况也类似，但加载点节点号的递增，递减关系及其增减步长可能有变化。但终归可以利用某种加载点节点编号特点，利用 APDL 的循环语句自动计算出所需节点号。

下面将给出本例计算磨研磨体物料载荷加载命令流，并在一些命令流语句前或后予以说明解释。说明解释部分以"！"号开始。注意将说明解释部分与命令流语句区别开来。计算磨的研磨体物料面载按节点集中载荷自动加载命令流如下，解释中的"部分1"，"部分2"，…，"部分7"的定义见 2.6.3 中的 1。

```
/solu ！进入求解器
！定义数组 pv， ph
！pv(1),pv(2),…,pv(7)为部分1,自上而下,加载点铅直载荷
！ph(1),ph(2),…,ph(7)为部分1,自上而下,加载点水平载荷
*dim,pv,7
pv(1) = -158.7,-777.7,-1827.8,-3011.9,-4084.2,-4828.2,-2547.4
*dim,ph,7
ph(1) = -326.6,-1161.7,-1913.8,-2115,-1776.6,-1010.6,-270.2
！部分1加载：
r1 = 2.2 ！筒体内径(m)
*afun,deg ！角度以度计量
x = -2.2*cos(18)
y = -2.2*sin(18)
nd = node(x,y,0) ！由节点坐标查询部分1的载荷作用区起点节点 M 编号

！部分1加载点自上而下,从第1到第6点,节点号递增2
*do,i,1,6,1
```

```
    f,nd,fy,pv(i)
    f,nd,fx,ph(i)
    nd = nd + 2
  *enddo
！对部分 1 最低点节点加载
  f,node(0,-r1,0),fy,pv(7)
  f,node(0,-r1,0),fx,ph(7)

！部分 2 加载：
z1 = .29 ！部分 1 加载格块宽度
nd = node(x,y,z1)！查询该部分第 M 行第 1 列点 a 的节点编号（图 2-12）
  *do,i,1,6,1
    *do,j,1,10-1,1
      f,nd+(j-1)*14,fy,2*pv(i)
      f,nd+(j-1)*14,fx,2*ph(I)
    *enddo
    nd = nd - 2
  *enddo
！部分 2 最底部一行加载节点的加载：
  nd = node(0,-r1,z1)
  *do,i,1,10-1,1
    f,nd+i-1,fy,pv(7)*2
    f,nd+i-1,fx,ph(7)*2
  *enddo

！部分 4 节点加载：
z1 = 3
nd = node(x,y,z1)
kaa = k1 + k2   ！详见 2.6.3 中的 1
  *do,i,1,6,1
    f,nd,fy,pv(i)*kaa
    f,nd,fx,ph(I)*kaa
    nd = nd + 2
  *enddo
  nd2 = node(0,-2.2,z1)
  f,nd2,fy,pv(7)*kaa
  f,nd2,fx,ph(7)*kaa

！部分 3 节点加载：
```

z1 = 3.262
nd = node(x,y,z1) ！查询该部分第 M 行最近跨间节 a 点编号（图2-12）
*do,i,1,6,1
*do,i,1,6,1
*do,j,1,15 − 1,1
f,nd + (j − 1) * 14,fy,(0.262/0.29) * 2 * pv(i) ！详见2.6.3中的1
f,nd + (j − 1) * 14,fx,(0.262/0.29) * 2 * ph(I)
*enddo
nd = nd − 2 ！部分3加载区各列加载节点号自上而下（除最底行）递减2
*enddo
z1 = 3 + 4/15
nd = node(0, − r1,z1)
*do,i,1,15 − 1,1
f,nd + i − 1,fy,pv(7) * 2
f,nd + i − 1,fx,ph(7) * 2
*enddo

！部分7加载：
z1 = 7
nd = node(x,y,z1)
kbb = (0.262 + 0.07)/0.29 + (0.07 + 0.2425)/0.29 ！详见2.6.3中的1
*do,i,1,6,1
f,nd,fy,pv(i) * kbb
f,nd,fx,ph(I) * kbb
nd = nd + 2
*enddo
nd = node(0, − r1,z1)
f,nd,fy,pv(7) * kbb
f,nd,fx,ph(7) * kbb

！部分5加载：
z1 = 7.2425
nd = node(x,y,z1)
kcc = 0.485/.29
*do,i,1,6,1
f,nd,fy,pv(i) * kcc
f,nd,fx,ph(I) * kcc
nd = nd + 2
*enddo

```
nd = node(0, -r1, z1)
f, nd, fy, pv(7) * kcc
f, nd, fx, ph(7) * kcc

!部分6加载：
z1 = 7.485
nd = node(x, y, z1)
kdd = (.485)/.29/2
*do, i, 1, 6, 1
f, nd, fy, pv(i) * kdd
f, nd, fx, ph(I) * kdd
nd = nd + 2
*enddo
nd = node(0, -r1, z1)
f, nd, fy, pv(7) * kdd
f, nd, fx, ph(7) * kdd
```

2.7 求解

做好上面准备工作，进行下面求解设定和求解：

```
/solu
Acel, 9.8        ! 设定重力加速度9.8
Time, 100        ! 设定"Time at the end of loadstep"
Autos, 0         ! 设定"Automatic time stepping", off
Nsubst, 1        ! 设定"Number of substep"
Solve            ! 求解
/Finish          ! 结束，屏幕上出现"Solution is done！"
```

2.8 计算结果和分析结论

为分析方便，对整个计算模型分磨体的跨间筒体区、支承区和滑履瓦三部分分析讨论。其中支承区指轮带，筋板和邻近的筒体。

2.8.1 磨体跨间筒体区

筒体其结构特点属圆柱壳。为分析方便，将结果坐标系设定为圆柱坐标系。按 ANSYS 规定，圆柱坐标系下，Z 向为轴向，Y 为磨筒圆周方向，X 为径向，即筒体厚度方向。因为我们采用了三维实体单元，在此坐标系下，每个节点得到3个正应力 S_x，S_y，S_z 和三个剪应力 S_{xy}，S_{yz}，S_{zx}。磨体，作为圆柱薄壳，理论上主要是环向正应力 S_y，轴向正应力 S_z 和剪应力 S_{yz}，沿壳体厚度方

向的正应力 S_x 和剪应力 S_{xy}，S_{zx} 都很小可以忽略不计。这与计算结果完全一致。而剪应力 S_{yz} 比两个正应力 S_y，S_z 也小得多，所以我们把主要注意力放在轴向正应力 S_z 和环向正应力 S_y 上。

图 2-15、图 2-16 是磨体内外表面当量应力分布图，使我们对磨体应力有一个概括了解。由图看到，从磨体的支承处上部至跨距中点最低点，应力从小到大，层次分明。前三位最大当量应力和它们的应力组分（圆柱坐标）如下：

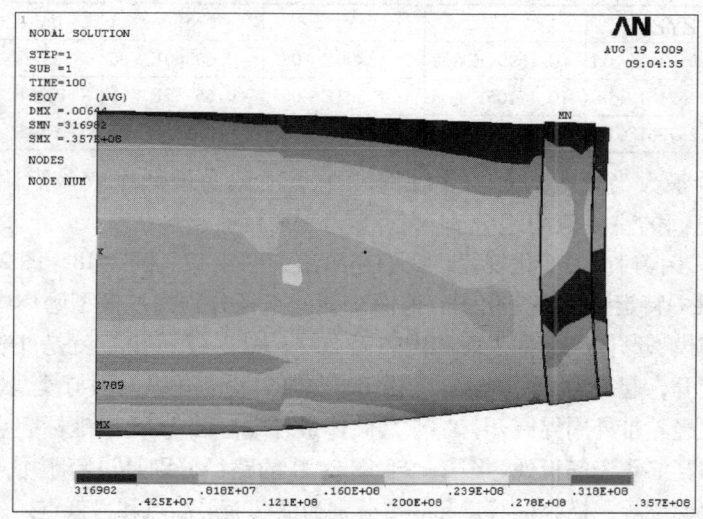

图 2-15　计算磨磨体内外表面当量应力分布图

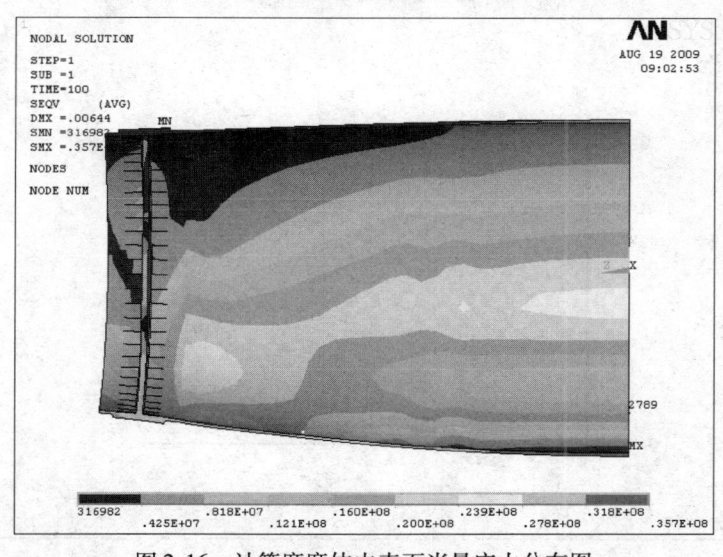

图 2-16　计算磨磨体内表面当量应力分布图

表 2-2

NODE	S_{eqv}
2789	0.35692E+08
2779	0.35631E+08
2780	0.35449E+08

表 2-3

NODE	S_x	S_y	S_z	S_{xy}	S_{yz}	S_{xz}
2780	-0.26680E+06	-0.16991E+08	0.23706E+08	-0.65360E+06	-91766.	-4592.8
2779	-0.26715E+06	-0.17105E+08	0.23803E+08	-0.65935E+06	-45814.	-2277.6
2789	-0.26726E+06	-0.17144E+08	0.23836E+08	-0.66131E+06	-16305.	2990.8

这几个最大当量应力都发生在跨距中点横截面最低点或该点附近，而且 S_z，S_y 是它们的主要应力组分。

为进一步探讨应力变化规律，我们还给出了图 2-17、图 2-18、图 2-19、图 2-20 应力沿某一特定路径的变化图。前两个图的路径分别为过模型磨体中心轴线铅直纵剖面与模型磨体底部外表面和内表面交线。图 2-17 横坐标就是外表面这条交线的抻直展开，起点为跨距中点，随横坐标增加，沿上述纵剖面与模型磨体底部外表面交线，经轮带外周界展开，终点是筒体最外端。图 2-18 横坐标起点也是跨距中点，但路径终止于筋板处。图 2-19、图 2-20 的路径分别是过跨距中点筒体横截面外，内表面周界，横坐标起点和终点分别为横截面最高点和最低点。

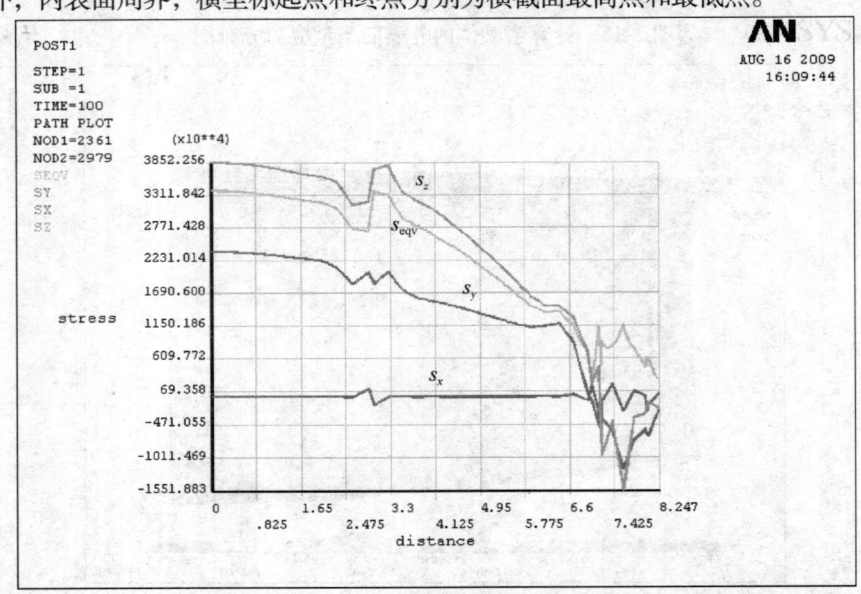

图 2-17 计算磨当量应力及各应力组分沿筒体最底部外表面母线路径的变化

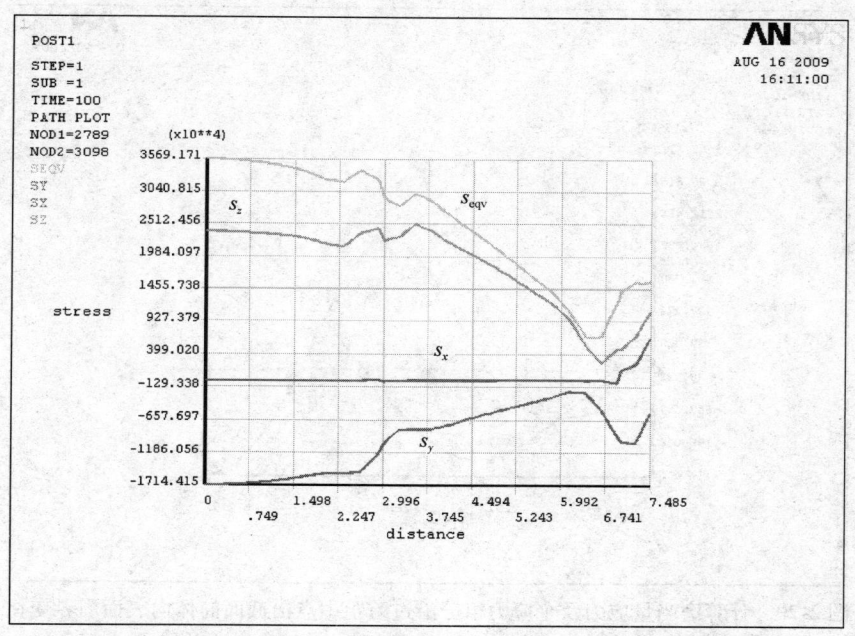

图 2-18 计算磨当量应力及各应力组分沿筒体最底部内表面母线路径的变化

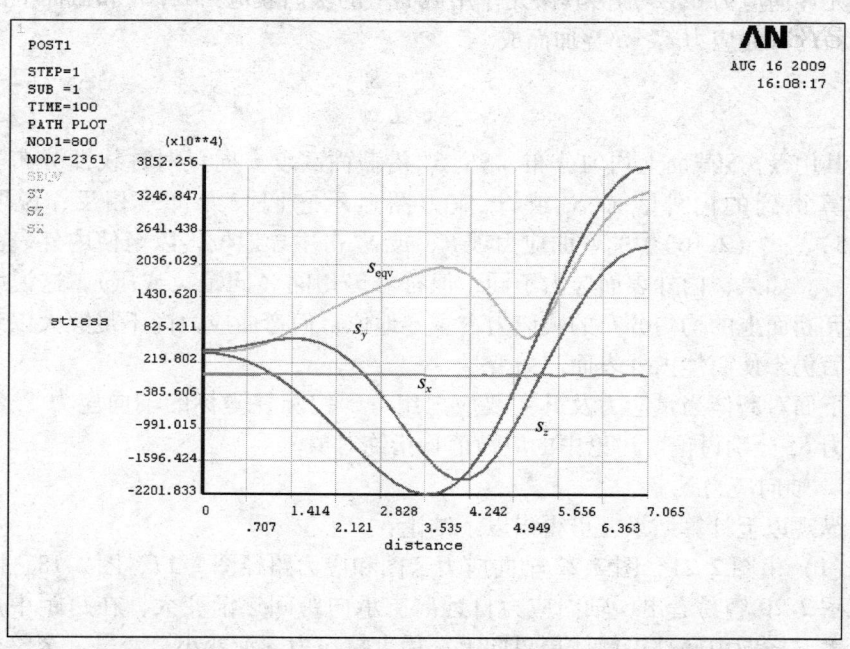

图 2-19 计算磨当量应力及个应力组分沿过跨距中点横截面筒体外表面周界变化

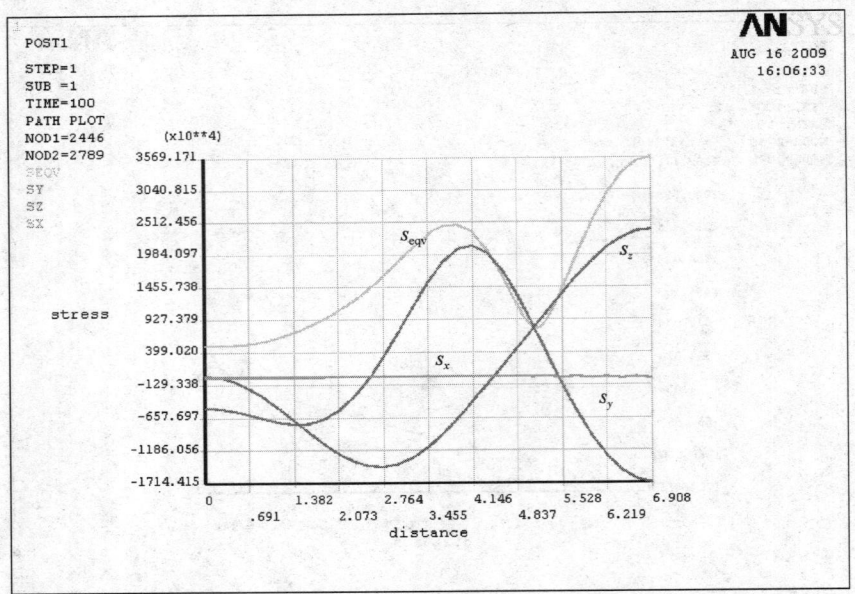

图 2-20　计算磨当量应力及个应力组分沿过跨距中点横截面筒体内表面周界变化

一般地说，轴向应力和环向应力在厚度上的分布是不均匀的。轴向应力 S_z 和微元环向应力 S_y 分别由其微元作用截面上的法向膜应力 S_z'，S_y' 和截面上的对于中面的弯曲应力 S_z''，S_y'' 叠加而成。

$$S_z = S_z' + S_z'' \quad (2\text{-}15)$$
$$S_y = S_y' + S_y'' \quad (2\text{-}16)$$

其中 S_z'，S_y' 截面上均匀分布，S_z''，S_y'' 沿截面高度方向反对称线性分布。如果计算得到的内外表面 S_z 或 S_y 应力图显示它们应力符号相反，说明式 (2-15)、式 (2-16) 中的弯曲应力项 S_z''，或 S_y'' 占主导地位，以至使内外表面应力反号。如果，内外表面应力不同，但符号仍相同（同是拉或压），这说明筒体微元断面上的均匀分布的膜应力占主导地位，而弯曲应力尚不足够大以致在叠加后仍未使筒体内外表面应力变号。

下面对磨体当量应力及其主要应力组分，按圆柱坐标的轴向应力 S_z 和环向应力 S_y 分别讨论。讨论中的应力值均指绝对值。

1. 轴向应力 S_z

纵观以上计算结果，可得出以下结论：

(1) 由图 2-21、图 2-22 轴向应力云图和应力路径图 2-17、图 2-18、图 2-19、图 2-20 容易看出，轴向应力自远离支承向跨间逐渐变大，在跨距中点处达最大。横向由底部沿筒体周界向上，最大拉应力逐渐变小、变号，至整个大横截面中部附近区域逐渐呈最大压应力。

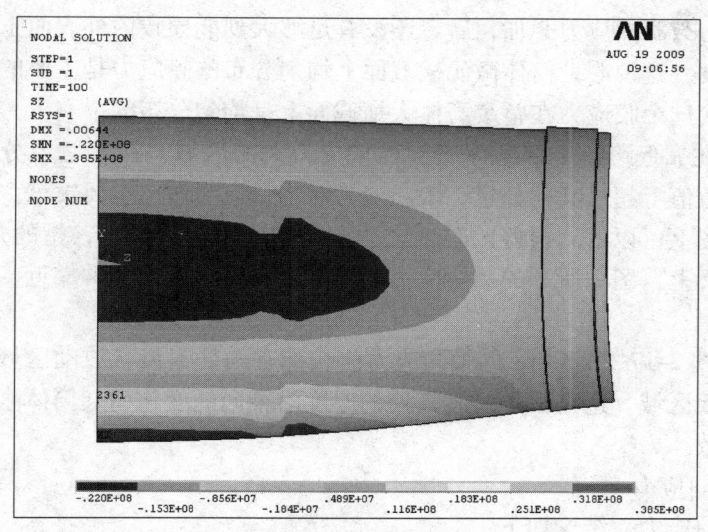

图 2-21 计算磨磨体外表面轴向应力分布图

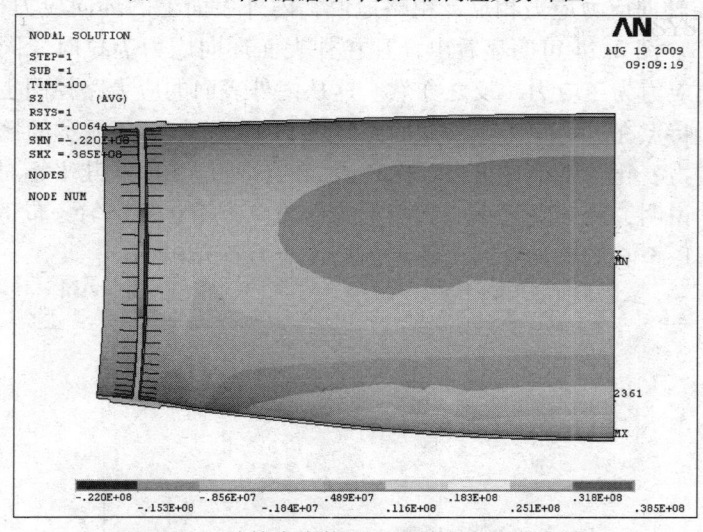

图 2-22 计算磨磨体内表面轴向应力分布图

这很像梁的纵向弯曲。这与我们以往熟悉的分析是一致的。但是，由于研磨体物料载荷并非像梁那样在横截面上均匀分布，而是集中在横截面下部，所以最大压应力不是在横截面顶部而是出现在近横截面中部，甚至中部以下，似乎"中性轴"大大下降了。

（2）磨体内外表面轴向应力云图图 2-21、图 2-22 和应力曲线图图 2-17、图 2-18、图 2-19、图 2-20，筒体内外表面轴向应力变化走向、拉压特点基本一致。仔细观察看出，在厚度上它并非绝对均匀，然而，微元横截面上的均匀分布正应力与弯曲应力叠加，后者还没有足够大到能导致内外表面正应力拉压变号的程度。这说明，筒体微元横截面上均匀分布的膜应力是主要的。当然这并不意味着这个膜应力在整个磨体大横截面上是均匀分布的。

（3）在靠近跨距中部磨体底部当量应力大的区域，在各应力分量中，轴向应力在数值上超过其他分量，轴向应力对当量应力做出主要贡献。这从前面几个应力图上可以得到很好的验证。注意我们所说应力大小，指的是绝对值，在这种意义上，图中所示的当量应力曲线与轴向应力不但非常靠近，而且形状走向一致。

（4）图 2-17，图 2-18 的轴向应力曲线都有两处锯齿状波动区域，发生在筒体过渡板区域。这是由于过渡板处的厚度沿轴向的变化引起筒体刚度沿轴向的变化所致。

2. 环向应力 S_y

对环向应力，结论如下：

（1）与轴向应力应力相反，粗略地说，内外表面上的环向应力拉压相反。这从图 2-23、图 2-24 可明显看出，凡在外表面环向应力为拉时，同一位置内表面的环向应力为压应力，反之亦然。这从内外表面的应力路径图也可清楚地看出。这个特点在过跨距中点横截面路径图 2-19、图 2-20 显示的该处内外表面的环向应力变化图中格外突出。内外表面的这种应力曲线几乎相对于零应力线对称。这说明，筒体微元纵向截面上的弯曲应力相对于均匀分布正应力，占绝对优势，以至它们叠加后，内外表面的正应力符号相反。

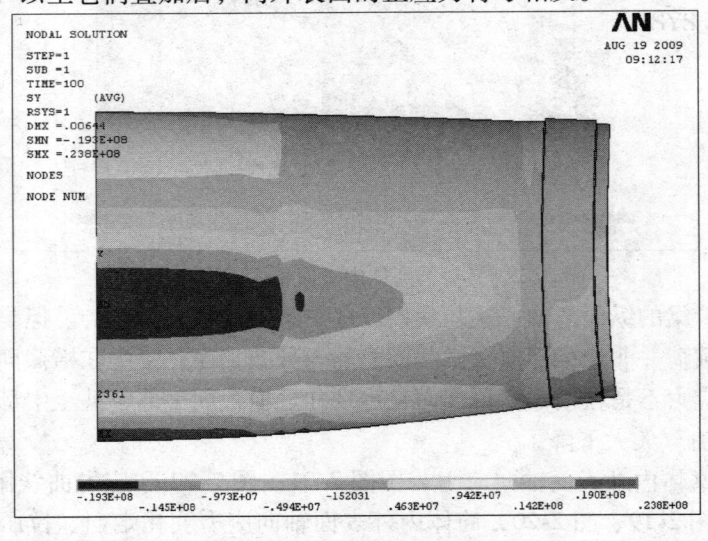

图 2-23　计算磨筒体外表面环向应力 S_y

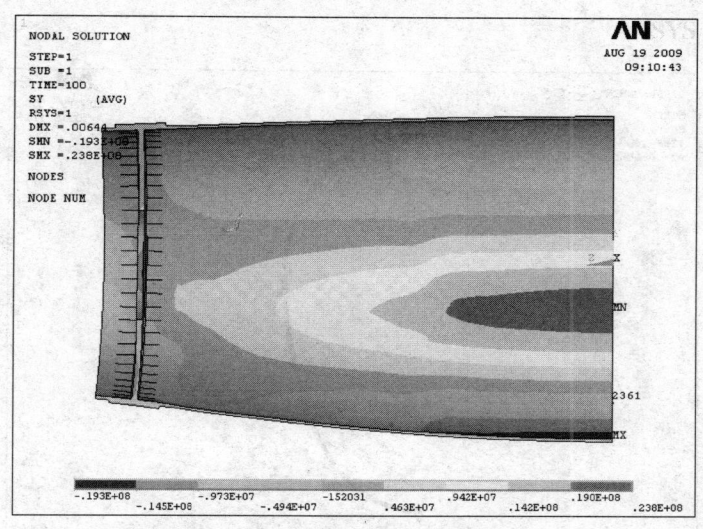

图 2-24　计算磨筒体内表面环向应力 S_y

筒体内外表面环向应力拉压相反的特点，表明筒体的环向弯曲，这可以由筒体的横截面变形得到很好的验证。

图 2-25 给出了从跨距中点到支承中心等距的 5 个磨体横截面变形情况。为突出变形特点，位移被放大了 100 倍。从图中可看到，跨间筒体横截面发生竖长椭圆变形。作为主要外载荷的研磨体物料集中在筒体的下部。由于托瓦的支承，支承处筒体变形为水平扁平椭圆。离开支承向跨间，筒体很快变为竖长椭圆，而且这个变形，逐渐增大，至跨距中点达最大。

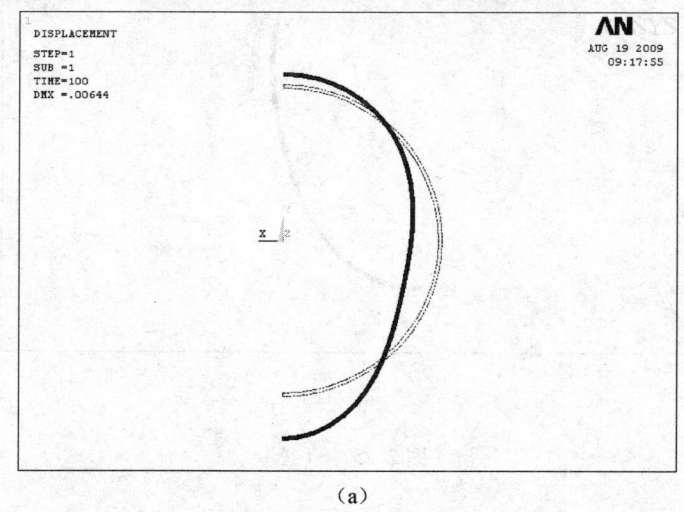

(a)

图 2-25　（续）

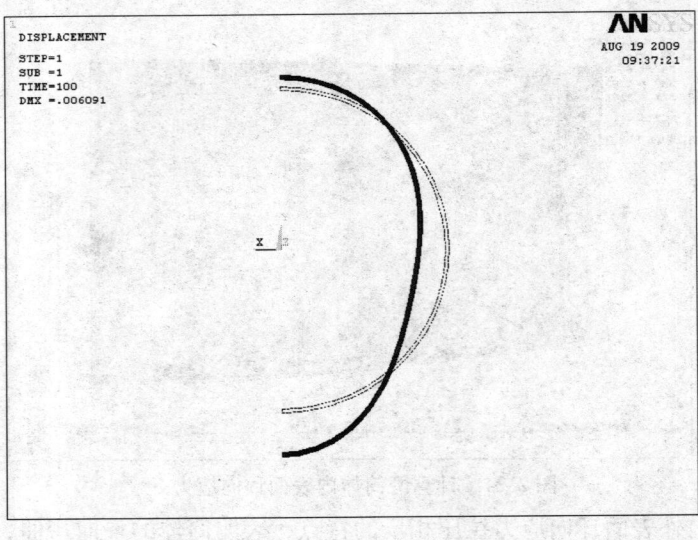

(b)

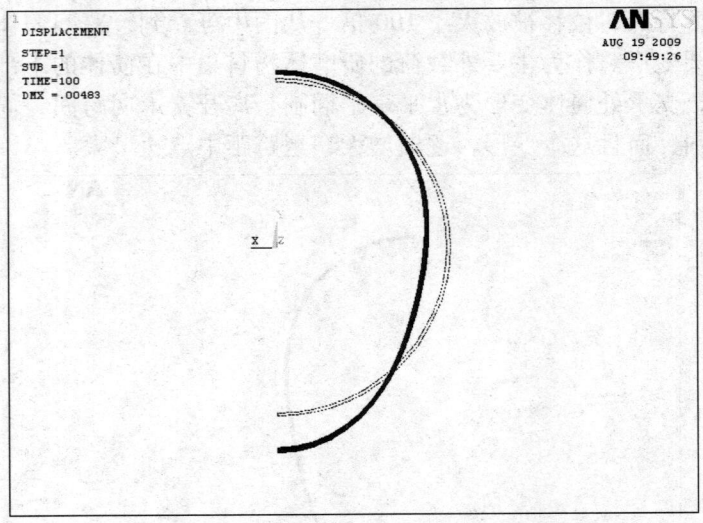

(c)

图 2-25 （续）

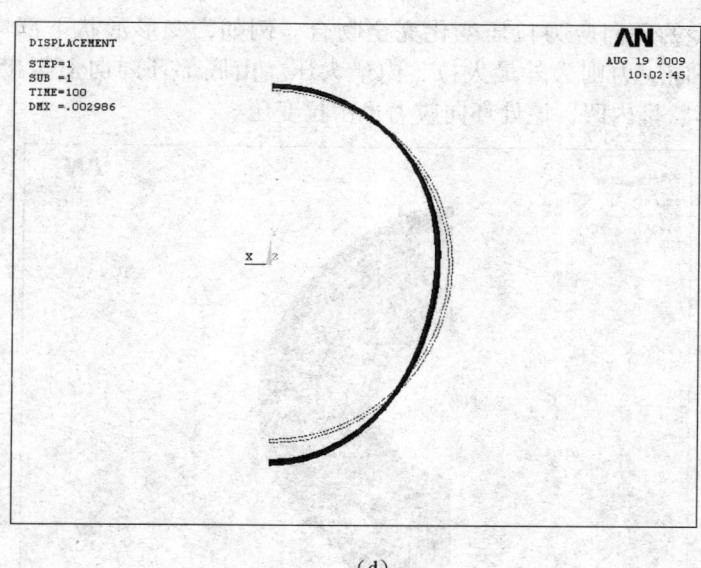

(d)

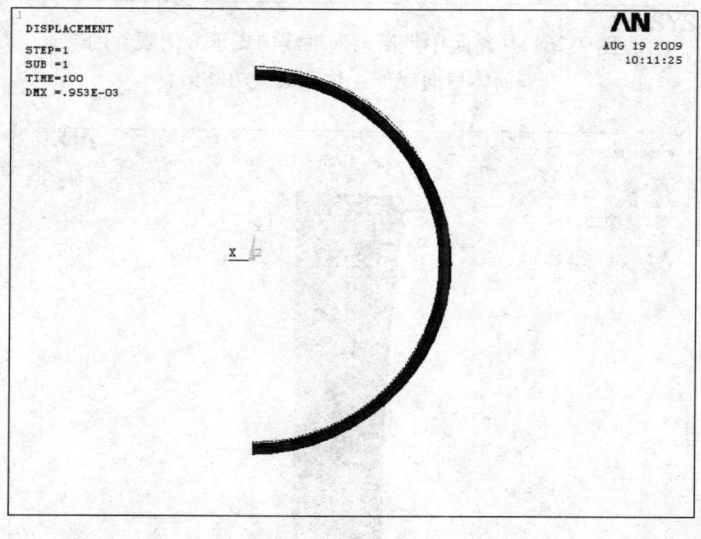

(e)

图 2-25　计算磨筒体横向变形（位移放大 100 倍）

(a) 跨距中点；(b) 距跨距中点 $\frac{1}{8}$ 跨距处；(c) 距跨距中点 $\frac{1}{4}$ 跨距处；

(d) 距跨距中点 $\frac{3}{8}$ 跨距处；(e) 轮带支承中心处

（2）仔细观察可以看到筒体横截面变形形状的凹凸变化与图 2-23、

图 2-24 显示的环向应力拉压变化完全吻合。例如，变形形状下部向下尖凸，该处筒体环向应力则为外最大拉、内最大压。由底部环向向上至接近水平位置，变形形状呈内凹，该处环向应力也由拉变压。

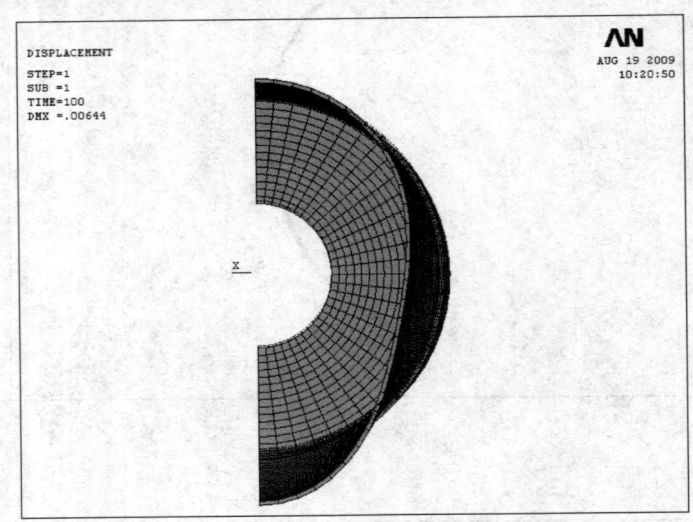

图 2-26　从跨距中点沿纵向轴线向支承方向观看的
　　　　　筒体横向变形（位移放大 100 倍）

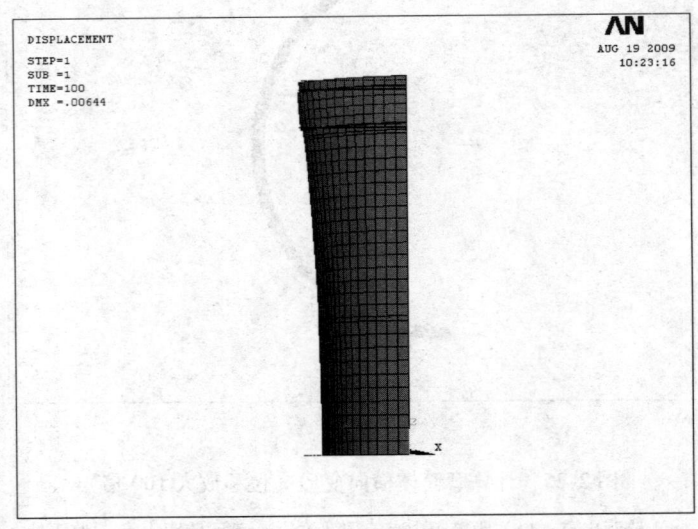

图 2-27　从磨体下面向上仰视观看的
　　　　　筒体变形（位移放大 100 倍）

根据以上分析，总体来说，我们可把磨筒体想象为由沿长度方向无穷多个横向受弯条带微元构成的薄壁空间体系。其中，每一条带环向，不仅承受拉压，还承受横向弯曲和剪切。壳体中沿轴向相邻两条带之间的相互作用表现为只有法向力和剪力从一个条带传到另一个条带。

2.8.2 支承区

这里的所谓支承区域包括轮带、筋板及其邻近筒体。长期以来，管磨大多为中空轴支承，支承区域机械事故频频，又不好处理，历来是令人烦恼的区域。所以本书对支承区域的关注是自然的。

图 2-28 为计算磨支承区当量应力图，最大当量应力及其组分（圆柱坐标）如下：

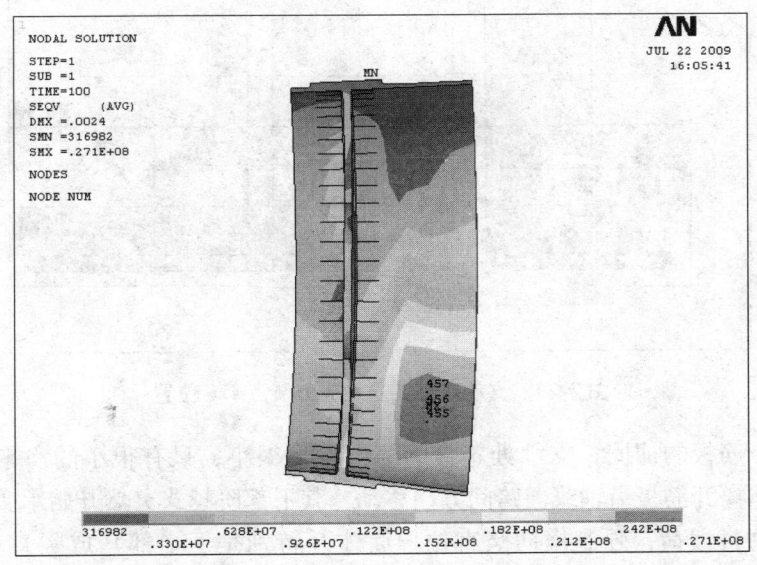

图 2-28　计算磨支承区当量应力

表 2-4

NODE	S_{eqv}
456	0.27132E+08

应力组分（圆柱坐标）：

表 2-5

NODE	S_x	S_y	S_z	S_{xy}	S_{yz}	S_{xz}
456	-48046.	0.12855E+07	0.71008E+06	59789.	-0.15650E+08	-51540.

节点456距跨距中点6.668m，环向距横截面最低点48°，筒体内表面（图2-29）即为当量应力图2-28中的无彩图斑块区域。由上面给出的应力组分看出，对最大当量应力做出最大贡献的是剪应力S_{yz}。而且该剪应力也是整个筒体的最大剪应力。经改变结构参数计算表明，这种现象不仅出现在这里特定尺寸的计算磨，而且一般具有不同参数的其他磨也是如此。对这一现象如何解释呢？

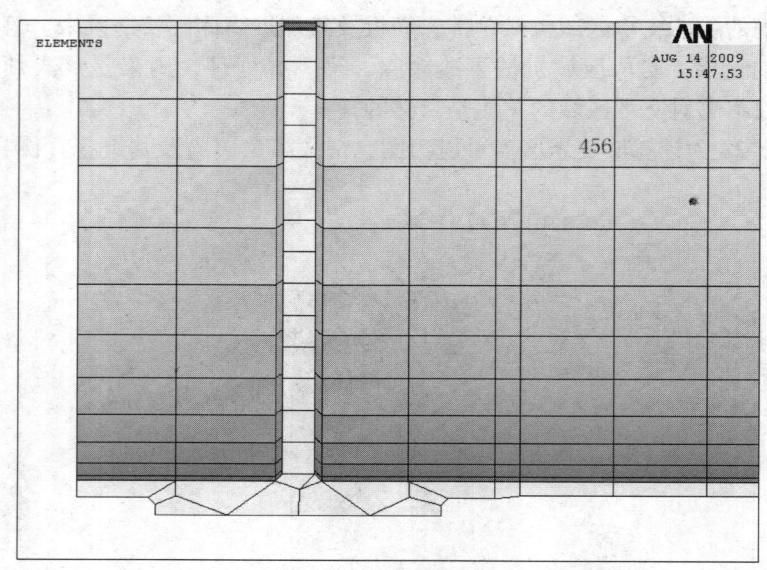

图2-29　支承区最大当量应力节点456位置

由于筋板的加固，支承处轮带的横向变形很小，只有很小的水平扁圆变形。筒体离开筋板沿轴线向跨间方向移动，其下部阶越式突然开始承受巨大的研磨体物料载荷，强制横向竖直拉伸筒体（特别是下半部）成竖直长圆形。这种改变筒体横截面形状特征（由基本圆形，甚至水平扁椭圆到竖直长圆）的变形，在筒体开始急剧转变区域的局部必然发生扭转变形并产生相应的扭转剪切应力。经过这个区域后，沿纵向向跨距中点变化，筒体的横向竖长圆形变形逐渐加大。从图2-26由跨距中点向支承方向看的筒体横向变形图上可以看到筒体发生绕纵向轴线的扭转。但这个扭转变形主要发生在筒体的哪个区段看不清楚。为验证上述论断的正确性，找出发生上述扭转变形最明显的区段，从支承中点到跨距中点，将筒体沿轴线切割成6个基本等宽的筒段 *AB*、*BC*、*CD*、*DE*、*EF*、*FG*（图2-30）。对每一筒段沿轴线从跨距中点向支承方向看的横向变形图上观察是否有较明显的筒体绕 *z* 轴的扭拧或扭转（图2-31～

图2-36），同时还应注意从计算结果上看有没有节点出现大的扭转剪应力 S_{yz}（圆柱坐标）。

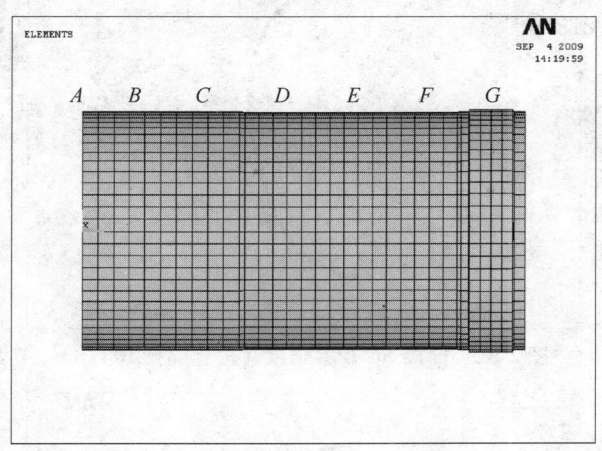

图2-30　观察筒体扭拧的筒段

图2-31～图2-34显示的是比较靠近跨距中点的筒段观察结果，它们横截面变形已完成由支承处基本圆形或水平扁圆向跨间筒体的竖长圆变形的过渡，所以基本看不出扭拧或扭转变形，节点上的剪应力 S_{yz}（圆柱坐标）也很小。而图2-35，EF 段已看出一些筒体扭拧或扭转变形。最终，在 FG 段上看到明显的筒体扭拧或扭转现象（图2-36），发生最大剪切应力 S_{yz} 的位置恰好在该区段内。

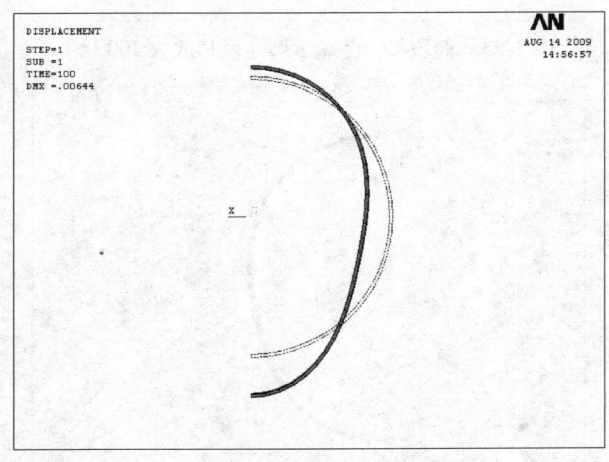

图2-31　筒段 AB 观察结果（位移放大100倍）

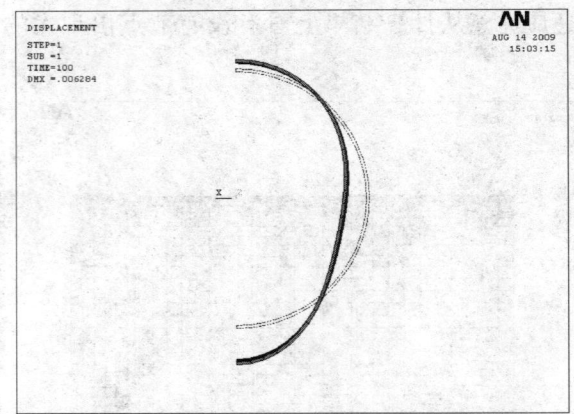

图 2-32　筒段 BC 观察结果（位移放大 100 倍）

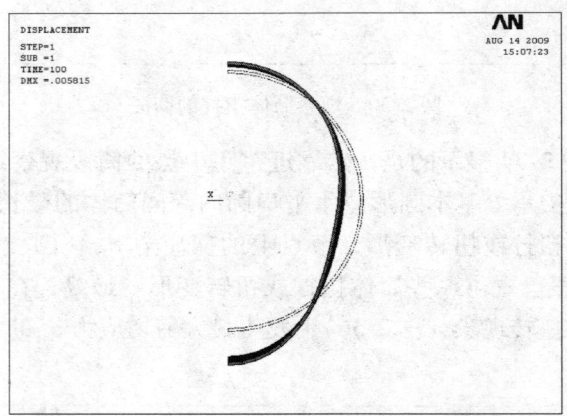

图 2-33　筒段 CD 观察结果（位移放大 100 倍）

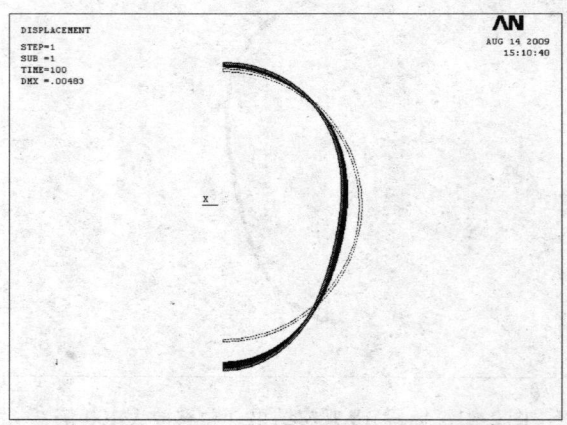

图 2-34　筒段 DE 观察结果（位移放大 100 倍）

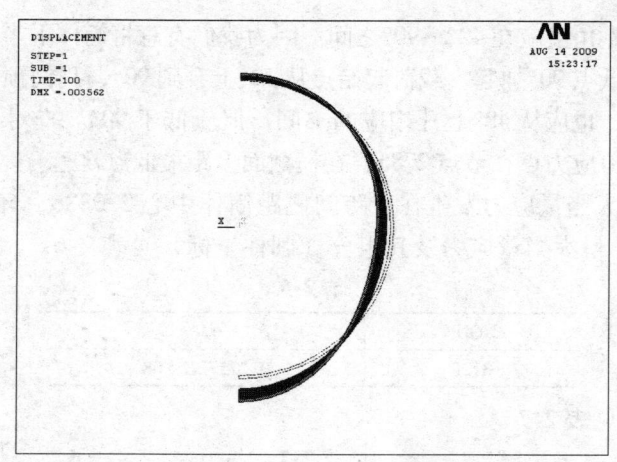

图 2-35　筒段 EF 观察结果（位移放大 100 倍）

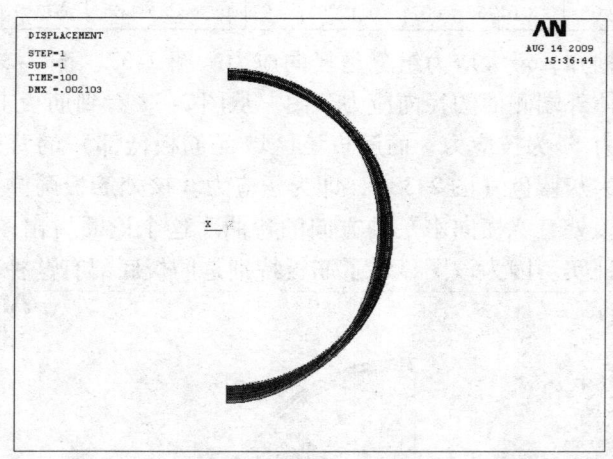

图 2-36　筒段 FG 观察结果（位移放大 100 倍）

另外，经改变该磨轮带厚度、筋板厚度等结构参数计算得到的最大扭拧剪应力点都发生在横截面上距最低点 42°或 48°位置，这又如何解释呢？我们计算磨的具体情况，主要取决于筒内物料研磨体负荷的作用区域。因为我们施加同样的物料研磨体负荷，都加在筒体内表面，轴向均匀分布，环向从横截面距最低点 72°起始，由 0 逐渐增加，直到横截面最低点，左右对称。可以想象，最大扭拧剪应力点在物料研磨体负荷起始点的下方。为确认这个判断，在我们的计算磨上（轮带厚 100mm，筋板厚 90mm），将实际研磨体物料载荷删除，以距筒体最底点 90°作为起始点，在整个筒体下半部所有内外节点上加上常数铅直向下载荷 $F_y = -900N$，这样很容易得出计算结果。我们按如上的分析逻辑，最大扭转剪应力点距筒体最低点角度应在42°～90°之间。因为我们有意将筒体下半部的载荷环向从距横截面最低点90°加起。载荷起始点从72°上升到90°，我们预计，最大扭拧剪应力点位置，也应从48°上升相应的空间，但应低于90°。查对计算结果，果然，最大扭拧剪应力点在节点2785，在横截面上距最低点60°。

筋板上最大当量应力发生在近跨间侧距筒体中心2.0886，环向最低位置，节点3128处，最大当量应力及其组分（圆柱坐标）见表2-6。

表2-6

NODE	S_{equ}
3128	0.22572E+08

应力组分见表2-7。

表2-7

NODE	S_x	S_y	S_z	S_{xy}	S_{yz}	S_{xz}
3128	0.18382E+08	-0.61254E+07	-0.15201E+07	0.36478E+06	-57329.	-0.21962E+06

从以上数据知，最大应力组分是径向应力。图2-37、图2-38为筋板近跨间侧面和近磨体外端侧面的径向应力云图。从图2-37看到筋板上节点3128区域为红色，应力S_x为拉应力，而筋板该区域（筋板低部）的背面的径向应力在应力云图上为灰蓝色（图2-38），即为压应力。该处筋板两侧径向应力符号相反，意味着该处有绕横向水平轴方向的弯曲。这个论断可由图2-39的磨体纵向变形得到证实。因为该图显示了筋板特别是筋板底部有这种弯曲。

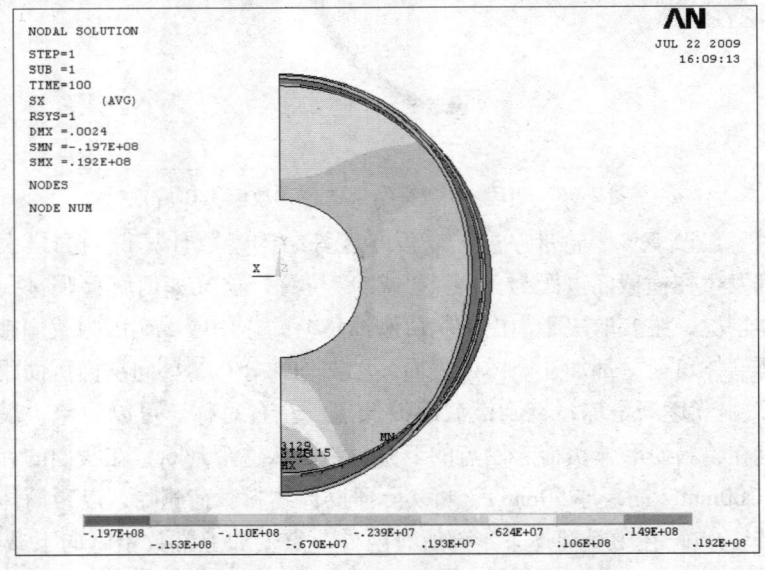

图2-37　筋板近跨间侧的径向应力S_x云图

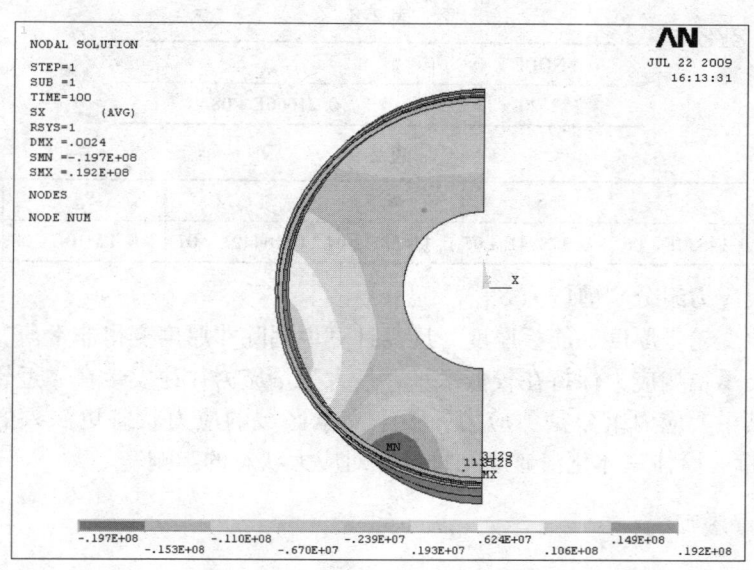

图 2-38　筋板近磨体外端侧的径向应力 S_x 云图

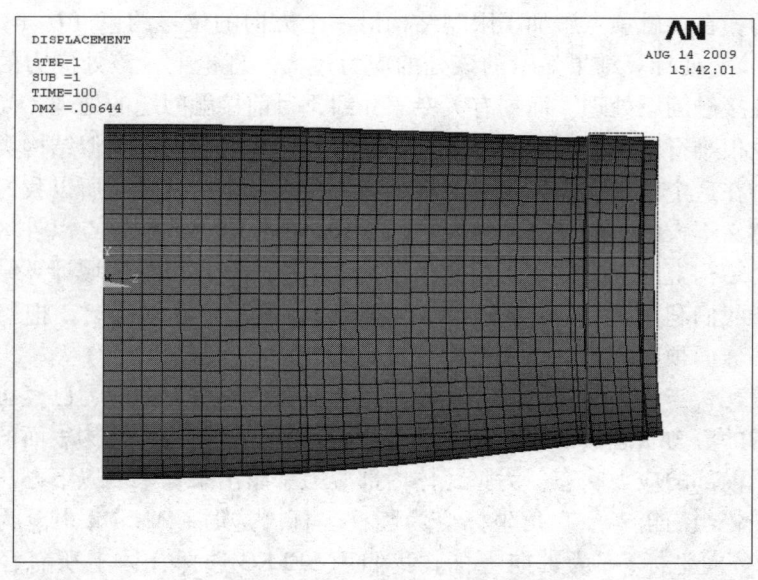

图 2-39　磨体纵向变形图（位移放大 100 倍）

轮带的最大当量应力在节点 3120 处，实际是轮带翼缘与筒体对接处环向与横截面最低点相距 48°。该处当量应力及应力组分见表 2-8，表 2-9。

表 2-8

NODE	S_{eqv}
3120	0.21666E+08

表 2-9

NODE	S_x	S_y	S_z	S_{xy}	S_{yz}	S_{xz}
3120	0.14680E+06	-0.17884E+07	0.11438E+07	0.16449E+07	-0.12310E+08	78243.

最大应力组分是剪应力 S_{yz}。

经改变轮带厚度、筋板厚度，反复计算说明除非厚度变得非常薄，一般情况下，支承结构应力保持在较低水平，最大当量应力往往发生在靠近轮带的筒体上，其主要应力组分是剪应力。关于支承区域的应力状态更深入的讨论见"2.9 轮带、筒体一体化滑履磨结构参数对应力状态的影响"。

2.8.3 滑履瓦

1. 滑履瓦的应力

托瓦下部凸球面与凹球面接触为面接触，而在计算中为简化计算是按点接触处理的，在接触顶点施加了限制结构沿三个方向的位移约束（$U_x=0$，$U_y=0$，$U_z=0$），使计算结果显示的该处的应力过大。理论上，该处应力的计算应按非线性接触问题处理。而据有关专家介绍，目前接触问题的处理，尚不十分成熟，也很难得到符合实际的结果。好在实际运转的国内外类似结构类似规格的磨机，在这个区域上未发生过因接触应力过大带来的故障，所以我们暂且舍弃实际意义不大的精确计算接触应力的追求，把注意力放在该点以外区域，着眼于整个结构上的应力分布。因为根据圣维南原理该点以外区域计算结果还是正确的。我们利用 ANSYS 的 SELECT 功能，在显示计算结果时，把接触应力区，即凸球面顶部区域从整个结构"分离"出去。

滑履瓦，与作为薄壳的筒体不同，后者通过内外表面的应力已经可以了解整个结构的应力状态。滑履瓦是三维尺寸相当的实体结构，结构表面的应力图显示不了内部的应力状态。为将瓦体内部应力暴露出来，采取以下办法。

首先将当前笛卡尔直角坐标变为圆柱坐标。这时，ANSYS 中 x 为径向坐标，y 为环向坐标，z 为轴向坐标。我们用 SELEC 选择瓦体上所有径向位置（即节点至磨体轴线距离）在 $x=r_1=1$ 和 $x=r_2=2.71$ 范围内的所有节点以及这些节点所附着的单元，而顶点的径向位置 $x=2.7785$ 超出选择范围的上限 r_2，不在选择范围之内。另外选择范围下限 $r_1=1$，小于瓦体内径。这就把凸球瓦顶点及其临域内的节点排除在外。做一内外半径分别为 r_1 和 r_2 的假想圆柱，其内，外圆柱面像刀一样切割瓦体，留下 r_1，r_2 之间的部分，拿掉其余部分，并把瓦体与圆柱面 r_2 的交面暴露出来（图2-40）。

图2-41为第一次切割后余下部分的网格图。图中，瓦体下部切口呈锯齿状，有许多尖棱。这是由于该部位为空间四面体单元，"选择"后单元仍保持其自身完整性。图2-42为视线沿垂直磨体轴线面对瓦面背面的瓦体第一次切割留下部分的当量应力图。图2-43为面对瓦面方向的当量应力图。

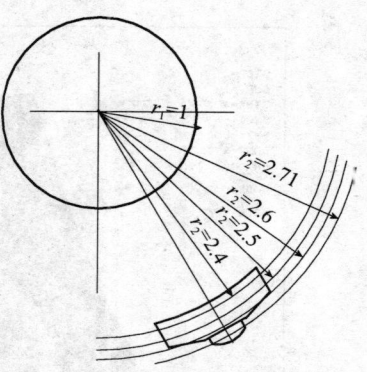

图2-40　滑履瓦切割示意图

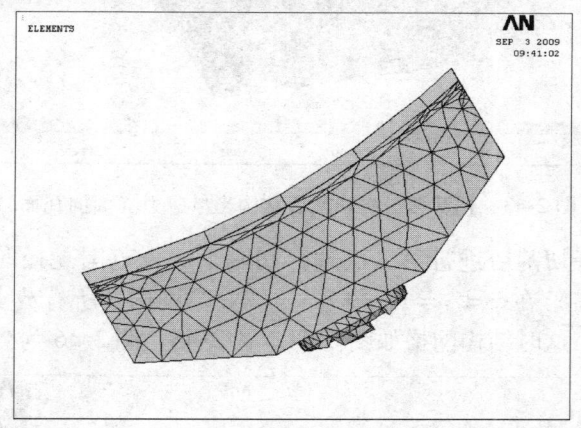

图2-41　托瓦第一次切割后结构网格

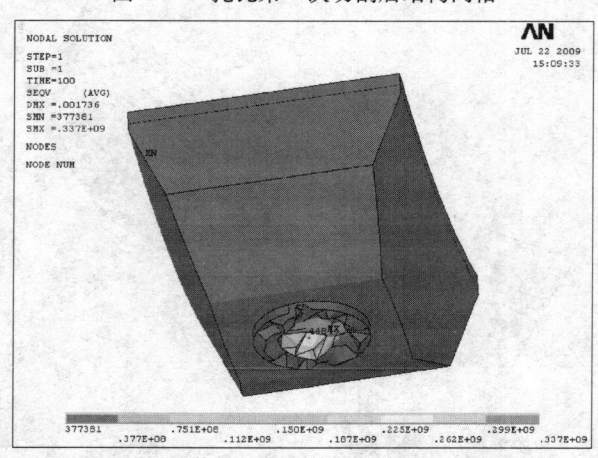

图2-42　托瓦第一次切割后结构当量应力（面向瓦背面）

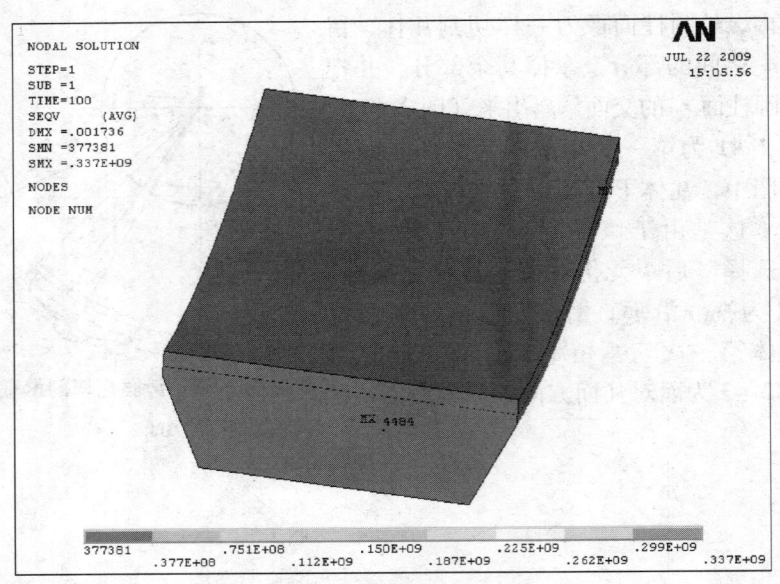

图 2-43 托瓦第一次切割后结构当量应力（面向瓦面）

第一次选择切割后进行第二次选择切割，选择范围是径向位置（即节点至磨体轴线距离）在 $x=r_1=1$ 和 $x=r_2=2.6$ 范围内的所有节点以及这些节点所附着的单元。这时结构网格如图 2-44。图 2-45，图 2-46 为当量应力图。

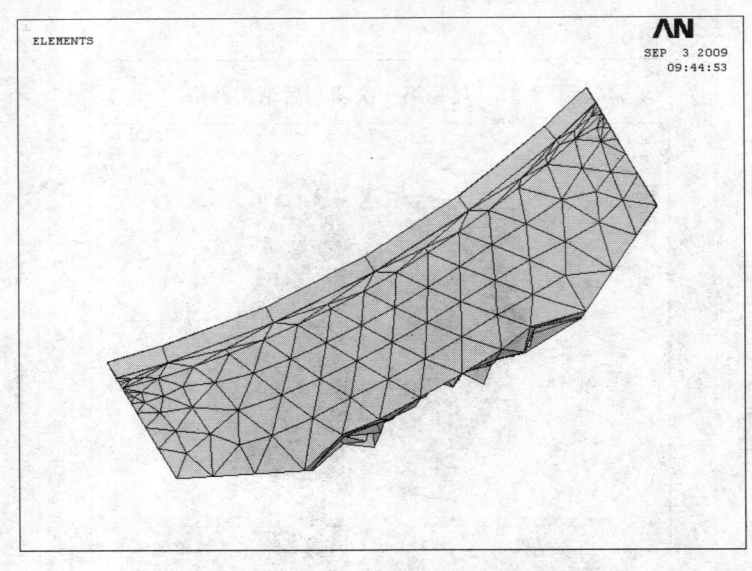

图 2-44 第二次切割后的结构网格

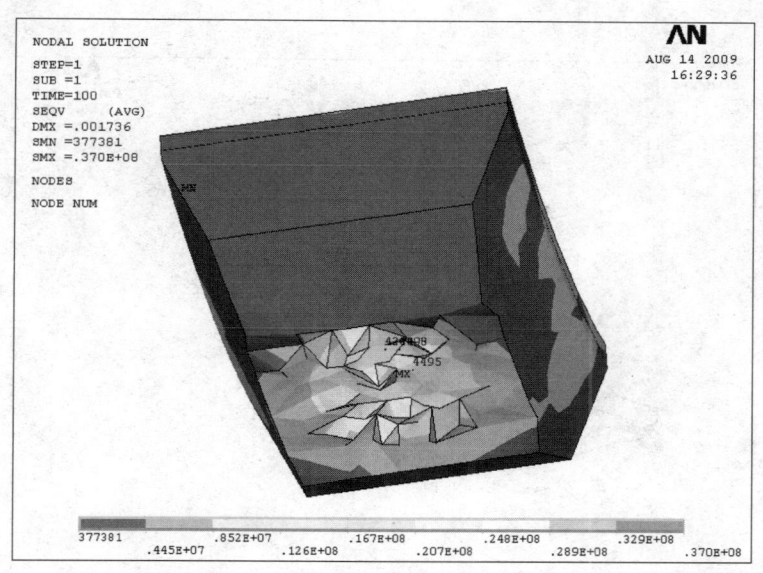

图 2-45　第二次切割后结构当量应力（面向瓦背面）

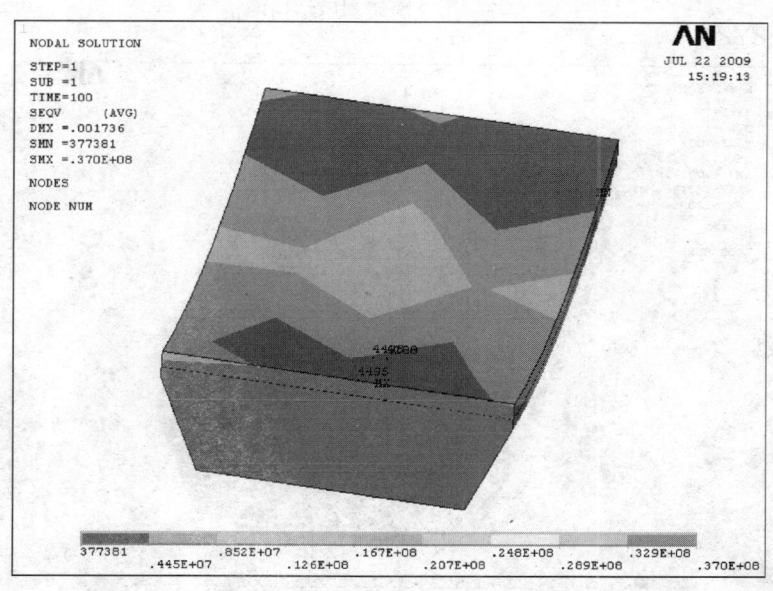

图 2-46　第二次切割后结构当量应力（面向瓦面）

第三次切割的选择范围为 $x=r_1=1$ 和 $x=r_2=2.5$ 之间所有节点及相应单元。其网格图，当量应力图如图 2-47、图 2-48、图 2-49 所示。

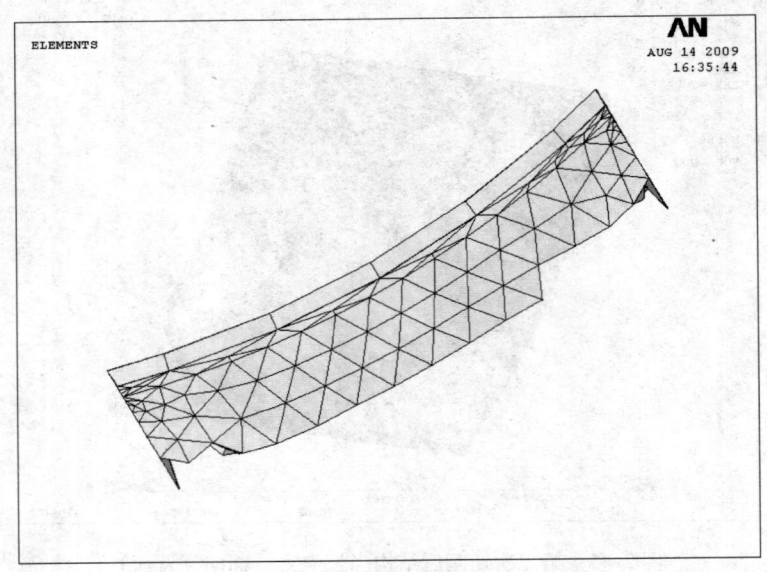

图 2-47 第三次切割后结构网格

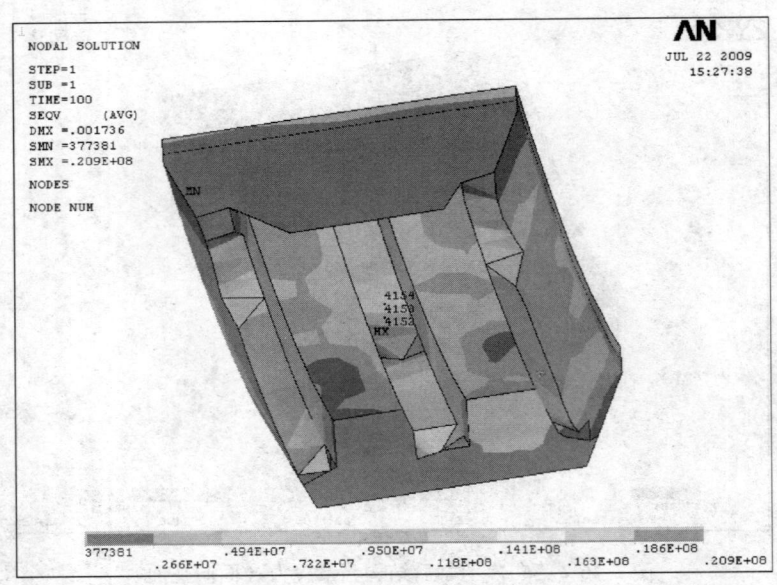

图 2-48 第三次切割后结构当量应力（面向瓦背面）

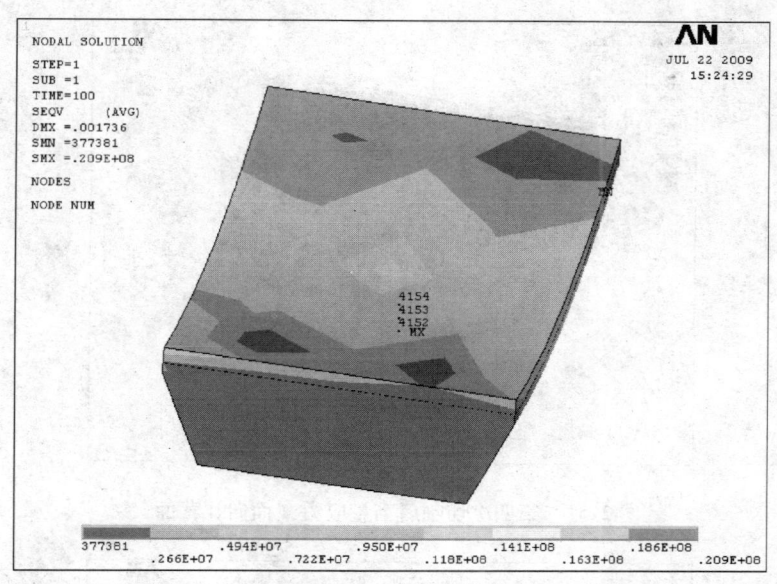

图 2-49 第三次切割后结构当量应力（面向瓦面）

第四次切割的选择范围是 $x=r_1=1$ 和 $x=r_2=2.4$（瓦面 $x=2.301$）。其网格图，当量应力图为图 2-50、图 2-51、图 2-52。

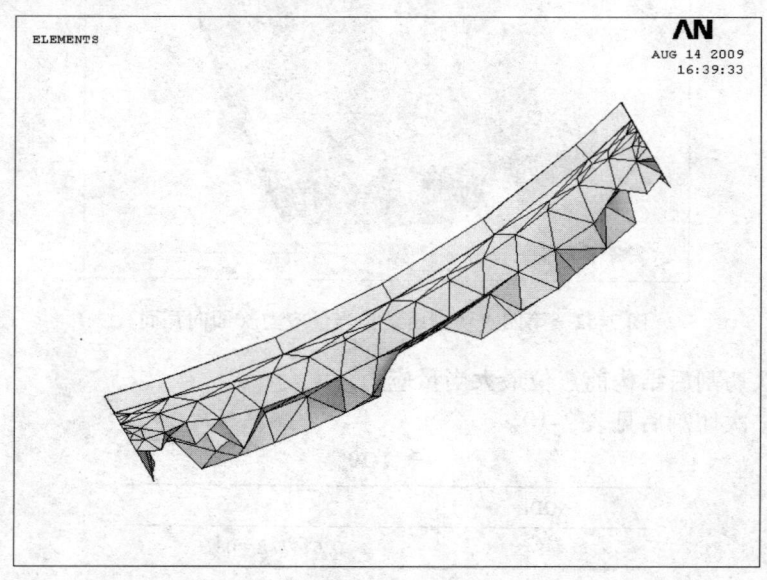

图 2-50 第四次切割后结构网格

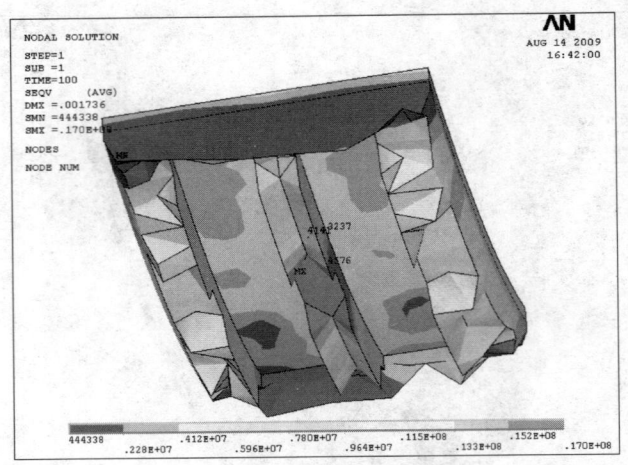

图 2-51　第四次切割后当量应力（面向瓦背面）

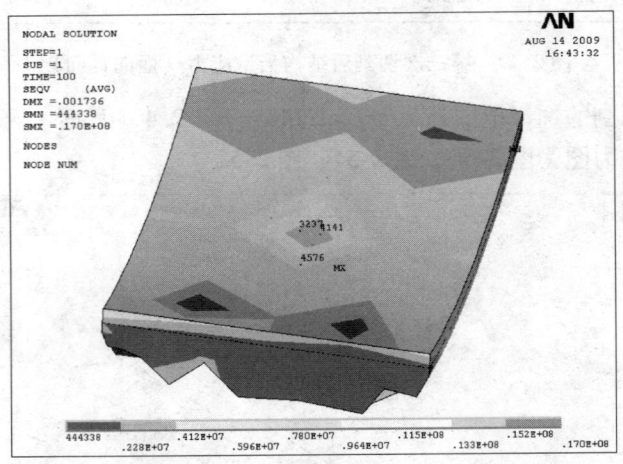

图 2-52　第四次切割后结构当量应力（面向瓦面）

每次切割后结构前三位最大当量应力：

第一次切割后见表 2-10。

表 2-10

NODE	S_{eqv}
4484	0.67477E+08
4580	0.52534E+08
4583	0.49304E+08

第二次切割后见表 2-11。

表 2-11

NODE	S_{eqv}
4498	0.19257E+08
4288	0.18791E+08
4495	0.18579E+08

第三次切割后见表 2-12。

表 2-12

NODE	S_{eqv}
4153	0.18437E+08
4154	0.17800E+08
4152	0.17437E+08

第四次切割后见表 2-13。

表 2-13

NODE	S_{eqv}
3237	0.15225E+08
4576	0.14592E+08
4141	0.13768E+08

各最大当量应力的应力组分分别（圆柱坐标）见表 2-14。

表 2-14

NODE	S_x	S_y	S_z	S_{xy}	S_{yz}	S_{xz}
4484	-0.63070E+08	-0.26544E+08	-0.12735E+08	0.28689E+08	-0.35606E+06	-0.42557E+07
4580	-0.47870E+08	-0.28686E+07	0.31349E+07	-0.83173E+07	0.17874E+07	0.83930E+07
4583	-0.38383E+08	-0.65430E+07	-0.15289E+08	0.44237E+07	-0.69346E+06	-0.22795E+08
4498	-0.15761E+08	0.29941E+07	0.39266E+07	0.38688E+06	19157.	0.30371E+06
4288	-0.12504E+08	-0.34875E+07	0.20103E+07	-0.78332E+07	-0.12407E+07	-0.10506E+07
4495	-0.13892E+08	24107.	0.34353E+07	0.54022E+07	-0.55825E+06	0.11437E+07
4153	-0.17072E+08	0.19374E+07	0.71346E+06	-0.16860E+06	-54491.	-0.28866E+06
4154	-0.16145E+08	0.13230E+07	0.16776E+06	-0.31926E+07	-32734.	-8833.6
4152	-0.15968E+08	0.12719E+07	0.30471E+06	0.27424E+07	6992.5	57170.
3237	-0.97215E+07	0.76377E+06	0.13633E+07	-15168.	-3225.3	38028.
4576	-0.13886E+08	0.16425E+07	-0.48133E+06	-0.28981E+06	-0.11137E+06	-17193.
4141	-0.10926E+08	0.29354E+07	-0.19615E+06	-0.31481E+07	-0.47891E+06	-0.45064E+06

以上的切割不断地拿掉切割后选择范围以外的下部结构，由下至上分层观察分析了结构里面芯部的应力分布概况。这些信息，使我们从总体上得出如下结论：

(1) 瓦体应力分布极不均匀。最大应力分布围绕在由凸球面顶点至磨体轴线的垂线（我们称顶点中心线）的周围区域。最大应力越靠近顶点越大，沿顶点中心线由下至上逐渐减小，并由顶点中心线向周围区域扩展时，急剧衰减。如第一次切割后结构最大当量应力，67.477MPa，第二次切割后最大当量应力已减至 19.257MPa。从每次切割后面向瓦背面观察，最大当量应力都集中在顶点中心线周围区域，等值应力线为突出的红黄鲜亮颜色。而该中心以外为表示当量应力值很小的灰蓝色。说明围绕顶点中心线以外周围区域应力很小，高应力都集中在中心芯部。

(2) 由最大当量应力组分表可看出，在当量应力的各组分中，径向应力 S_x（圆柱坐标），而且是压应力，占绝对统治地位。也即是径向压应力对当量应力作出了主要贡献。

2. 滑履瓦变形

滑履瓦承受很大的支承载荷，我们除关心它的应力状态外，还要特别关心它的变形。图 2-53 为计算磨的变形图。图中虚线为瓦体未变形的边缘。由图可看出，载荷下瓦体将发生偏转和变形。因此瓦体的自位功能很重要。但瓦面变形失去规整的形状，严重影响轮带与滑履瓦间对油膜间隙有很高要求的液体动力式润滑。所以必须使瓦体有足够的刚度。

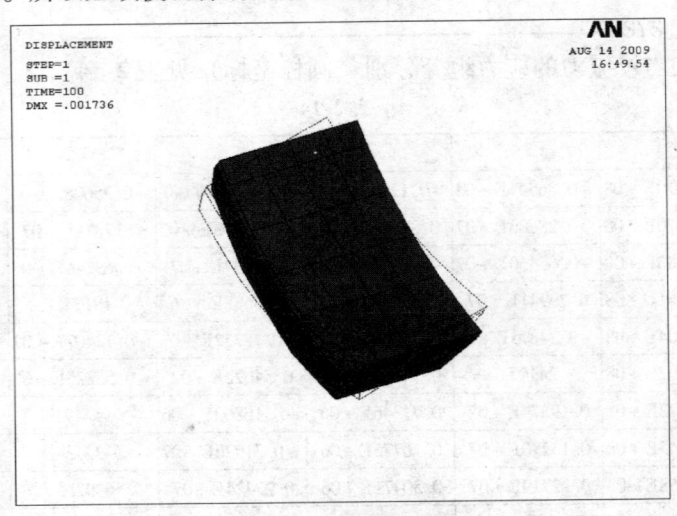

图 2-53　托瓦变形图

2.9　轮带、筒体一体化滑履磨结构参数对应力状态的影响

结构的改变或结构参数的变化将直接导致结构的应力状态的变化所以无论

是设计的开始阶段还是优化结构时,我们首先面对的问题就是确定或调整结构和结构参数。这将决定着整个设计的成败。我们将用仿真"实验计算"的方法,搞清我们关心的结构和结构参数与结构应力状态的关系。即在计算机上建立有限元计算模型,选取某些参数作为实验变量,多次进行实验计算比较,找出内在的规律性。这种方法不做结构硬件实验装置,不需要真正在物理上改变任何结构或参数,一切都在计算机这一"虚拟"世界进行,灵活、方便、快捷、准确。

另外,每一次实验计算,都包括定义参数,建立模型、网格划分、边界条件和载荷的施加、计算求解以及后处理,实验计算过程要大量重复这几个步骤,若使用人机交互模式,烦琐费时。为提高工作效率,我们将尽量使用APDL参数化语言命令流。

对于筒体轮连成一体的滑履磨,我们主要探索跨间筒体厚度、轮带筋板厚度、轮带厚度已及筋板内孔直径对结构应力的影响。我们将主要取$\phi 4.2m \times 13m$ 筒体轮带一体化滑履磨为对象,进行实验计算。部分实验计算对象还包括对前面计算过的$\phi 4.4m \times 15m$ 磨。下面将先对$\phi 4.2m \times 13m$ 的基本参数,计算处理做简要说明,然后进入以这两台磨实验计算结果为依据的分析讨论。

2.9.1　$\phi 4.2m \times 13m$ 滑履磨计算模型磨基本数据和计算

1. 基本数据和基本参数计算

计算模型简化处理,网格划分,边界条件,载荷处理等均与第 2 章对$\phi 4.4m \times 15m$ 滑履磨计算的介绍完全类似。不同的有两个方面:一是如上所述,整个计算过程,基本上是按 APDL 语言参数化编程计算完成。二是对滑履托瓦作了简化处理。前面针对$\phi 4.4m \times 15m$,我们已经对滑履瓦了详细讨论,现在我们主要兴趣是结构参数对磨体应力的影响。为简化计算模型,我们用一外形尺寸和刚度与原滑履瓦尽量相近的简单扇形圆柱块代替原滑履瓦。轮带与瓦块间仍放置 Link10 杆单元。原滑履瓦弧面中心角约 30°,考虑圆柱瓦块网格环向角度与轮带网格协调一致(单元格环向 6°),又兼顾圆柱瓦块与原滑履瓦尺寸尽量相近,设定圆柱瓦块弧面中心角定为 24°。瓦面半径为轮带半径加 Link10 杆长度 0.001,瓦宽等于轮带宽。圆柱块厚度与原结构相近,为 0.25m。实际上,忽略的只是内部冷却水通道和结构外形上的一些细节。这样的模型完全保持了原轮带与滑履瓦块间的配合和运动特点且刚度基本不变。当然,也可以像前面所做的那样,不做这里所说的简化处理。经简化处理的$\phi 4.2m \times 13m \left(\frac{1}{4}结构\right)$基本尺寸如图 2-54 所示。

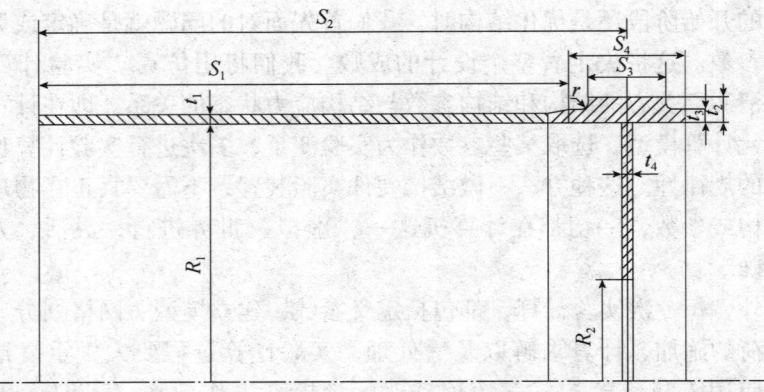

S_1	S_3	S_4	R_1	R_2
6.17	0.64	0.96	2.1	0.85
t_1	t_2	t_3	t_4	r
0.044	0.095	0.090	0.044	0.02

注：1. r 为圆角半径。

2. 滑履瓦弧面弦长1.09m，瓦宽0.64m

图2-54 $\phi 4.2m \times 13m$ 磨简化模型 $\left(\dfrac{1}{4}结构\right)$ 基本数据

研磨体载荷208t，回转部分重量为216t，经计算，结构总体积 = 5.666m³，当量密度 = 216000/5.666 = 38122kg/m³。

参照2.6.1，$\phi 4.4m \times 15m$ 滑履磨的计算，研磨体物料载荷作用区在磨体横截面上占据的弓形面积为

$$F_1 = G/(l \times \gamma) = 208/(4.5 \times 13) = 3.56$$

式中研磨体连同物料堆积容重 $\gamma = 4.5t/h^3$，l 为堆积长度，取 $l = 13m$。

设衬板厚0.075m，磨机有效内半径 $R = 2.025m$，若磨机横截面面积为 F，则填充率，$F_1/F = 3.56/(3.14 \times 2.025^2) = 0.276$，按与 $\phi 4.4m \times 15m$ 计算同样的方法解出横截面上研磨体物料弓形中心角 $\alpha = 136°$。则由横截面顶部算起的研磨体物料载荷作用区起始角 $\varphi_0 = 112°$。又是与 $\phi 4.4m \times 15m$ 磨计算类似，考虑到与网格划分协调，取 $\varphi_0 = 108°$。研磨体物料面载荷 $p = p_0 \times (\cos\varphi_0 - \cos\varphi)$ 中的 p_0，仍由式（2-4）算出，

$$p_0 = (1.37 \times G/l)/\left[2 \times R_1 \times \int_{\varphi_0}^{\pi}(\cos\varphi_0 - \cos\varphi)\cos\varphi d\varphi\right]$$

计算得 $p_0 = 106760N/m^2$。

2. 计算过程

在 $\phi 4.4m \times 15m$ 滑履磨计算中，对各计算步骤已做详细介绍，但对定义参数、定义单元类型和材料属性、几何模型的建立、网格划分都是以GUI方式进行的。这里将以命令流方式进行这几个步骤。

还是首先约定输入参数单位基本量,长度、质量、时间单位分别为 m、kg、s。其他量单位为导出单位。例如,力单位为 N,弹性模数单位为 N/m^2,密度单位为 kg/m^3。

下面将给出磨体部分,瓦块的几何模型和网格划分以及 Link10 压力杆单元的建立的命令流。边界条件、研磨体物料载荷加载、计算求解与前面对 $\phi 4.4m \times 15m$ 磨的处理完全类似,不再重复。

(1) 磨体几何模型和网格划分

①定义参数(参照图 2-54)

/cle
/file,sld! 工作文件名
/Title,computation of Sliding Shoes Mill! 标题
/prep7 ! 进入前处理器

! 定义参数
t1 = .044
t2 = 0.095
t3 = .09
t4 = 0.044
s1 = 6.17
s3 = 0.64
s4 = 0.96
s1d = 24
r1 = 2.1
r2 = 0.85
r = .02

②定义单元类型,材料属性

et,1,solid45! 定义单元类型
mp,ex,1,2e11! 定义弹性模量
mp,prxy,1,0.3! 定义泊松比

ds = 38122
mp,dens,1,ds! 定义材料密度

③磨体几何模型的建立

a. 生成模型过磨体中心轴线纵向磨体顶部剖面(下面简称纵剖面),为此,先建立此剖面轮廓线上的关键点,包括该轮廓线的各线段、圆弧起点、终点及圆弧中心(起控制圆弧凹向作用):

k,1,0,r1 + t1,0

k,2,0,r1+t1,s1
k,3,0,r1+t1,6.31
k,4,0,r1+t1+r,6.31
k,5,0,r1+t1+0.02,6.33
k,6,0,r1+t2,6.33
k,7,0,r1+t2,6.97
k,8,0,r1+t1+0.02,6.97
k,9,0,r1+t1+0.02,6.99
k,10,0,r1+t1,6.99
k,11,0,r1+t1,7.13
k,12,0,r1,7.13
k,13,0,2.1,6.65+t3/2+0.02
k,14,0,2.1-0.02,6.65+t3/2+0.02
k,15,0,2.1-0.02,6.65+t3/2
k,16,0,r2,6.65+t3/2
k,17,0,r2,6.65-t3/2
k,18,0,2.1-0.02,6.65-t3/2
k,19,0,2.1-0.02,6.65-t3/2-0.02
k,20,0,2.1,6.65-t3/2-0.02
k,21,0,2.1,6.17
k,22,0,2.1,0

b. 连接相邻关键点，生成直线段和圆弧，形成纵剖面轮廓线以及此轮廓线围成的面，即磨体顶部纵剖面，并通过绕磨体轴线旋转生成磨体模型：

l,1,2！生成关键点1,2间的连线
l,2,3
larc,3,5,4,0.02！生成起点为关键点3,终点为关键点5,凹向关键点4,半径为0.02圆弧
l,5,6
l,6,7
l,7,8
larc,8,10,9,0.02
l,10,11
l,11,12
l,12,13
larc,13,15,14,0.02
l,15,16
l,16,17
l,17,18
larc,18,20,19,0.02
l,20,21

l,21,22
l,22,1
al,all! 生成纵剖面轮廓线围成的面(图2-55)

图2-55　磨体顶部纵剖面

c. 通过旋转磨体顶部纵生成磨体模型：
k,25,0,0,0! 生成磨体轴线上的关键点
k,26,0,0,10! 生成磨体轴线上的关键点
vrotat,all,,,,,,25,26,180! 纵剖面绕磨体轴线旋转180°,生成磨体模型(图2-56)
vglue,1,2! 把作为"体"的上下两半部磨体粘结成一体

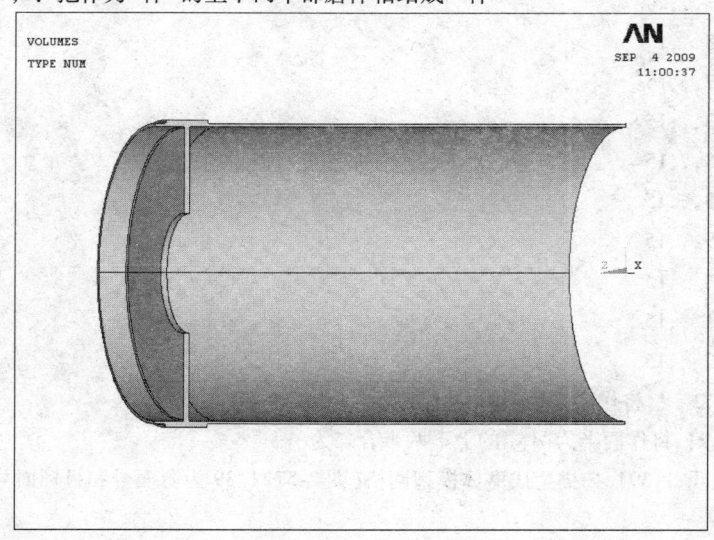

图2-56　磨体模型

④磨体网格划分

对磨体顶部纵剖面轮廓线各线段设定分格数和设定磨体环向网格分格数。现已生成的磨体模型是上下两个粘结在一起的环向90°的"体",网格环向一格6°,所以环向线段分格数为15:

lesize,1,,,24
lesize,2,,,1
lesize,3,,,1
lesize,4,,,1
lesize,5,,,4
lesize,6,,,1
lesize,7,,,1
lesize,8,,,1
lesize,9,,,1
lesize,10,,,2
lesize,11,,,1
lesize,12,,,12
lesize,13,,,1
lesize,14,,,12
lesize,15,,,1
lesize,16,,,2
lesize,17,,,24
lesize,18,,,1
lesize,37,,,15
lesize,73,,,15
lesize,38,,,15
lesize,53,,,15
lesize,89,,,15
lesize,74,,,15
lesize,81,,,15
lesize,82,,,15
vglue,1,2 ！将作两半为"体"的上下两半合接到一起
vadd,1,2！将作两半为"体"的上下两半合二为一
vsweep,all,1,39！扫描生成磨体模型网格(图2-57)1,39为源面号和目标面号

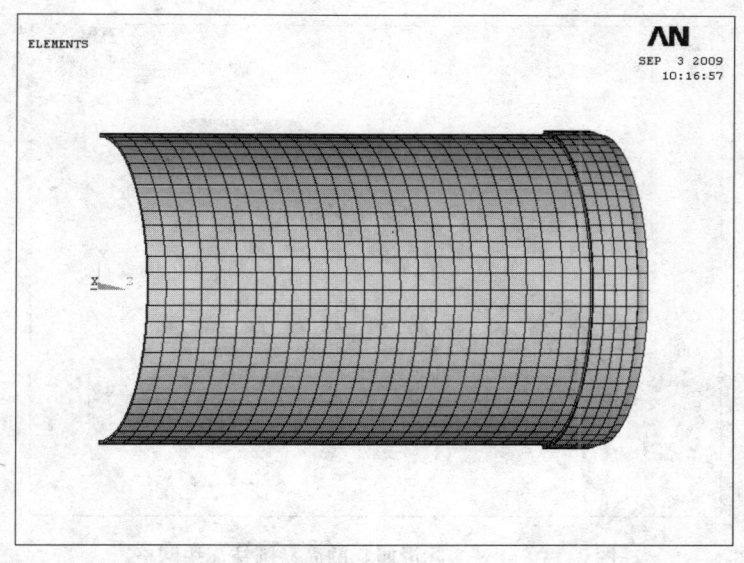

图 2-57 磨体网格

（2）瓦块几何模型和网格

ff = 6.65 − 0.64/2

K,190,,,ff

kwpave,190！将关键点位置移动至关键点190。该位置在磨体中心线上,轴向位置在轮带或瓦块宽度中点

rt = r3！轮带半径

rw = r3 + 0.001！瓦面半径,0.001 为半径间隙,也即 Link10 的长度

rrr = rw + 0.25！瓦体外半径,0.25 为瓦体厚度

*afun,deg！角度按"度"度量

cyl4,,,,rw,228,rrr,252,wb！生成圆柱瓦块,从 228°至 252°,wb 为瓦宽

et,2,solid45！定义瓦体单元类型

mp,ex,2,2e11！定义瓦体材料弹性模数

mp,nuxy,2,0.3！定义瓦体材料泊松比

！定义瓦块三维分格数：

lesize,76,,,4

lesize,82,,,4

lesize,73,,,1

mshkey,1！网格划分方式控制

vsweep,2,31,32！用扫描方式生成网格（图2-58）。31,32 为源面号和目标面号

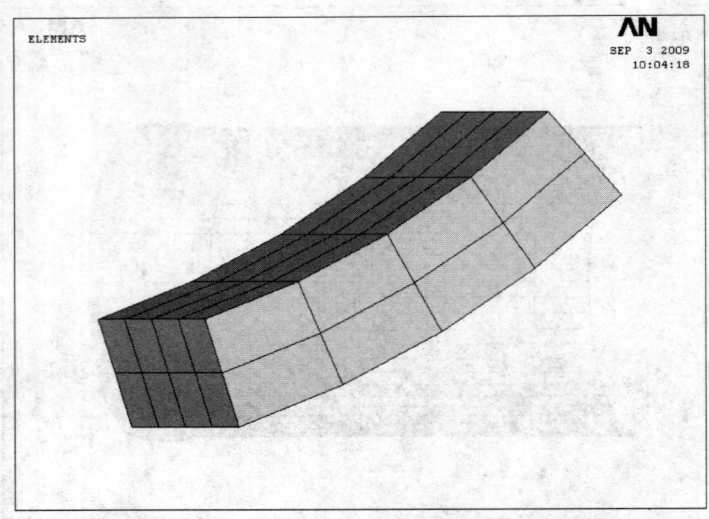

图 2-58 代替实际滑履瓦的简易圆柱瓦块网格

(3) 生成 Link10 单元

①建立将生成模型中轮带和瓦块间 25 个 Link10 单元的直线段的两端点节点号数组。设在轮带上的端点处节点号数组为 nn (5, 5)，相应瓦块上节点号数组为 mm (5, 5)。

　　a. 建立轮带与瓦块配合区网格轴向 4 格 5 条分格边界线轴向坐标数组 zz (5)
*afun,deg! 角度以"度"度量
*dim,zz,,5
zz(1) = 6.33,6.49,6.65,6.81,6.97!

　　b. 建立圆柱坐标下圆柱瓦块网格节点环向坐标数组 jio (5)
*dim,jio,,5
jio(1) = 228,234,240,246,252

　　c. 生成配合区轮带上节点号数组 nn (5, 5)
csys,1! 转换至圆柱坐标
*dim,nn,,5,5
*do,i,1,5,1
*do,j,1,5,1
nn(i,j) = node(r3,jio(j),zz(i))
*enddo
*enddo

　　d. 生成瓦块上与轮带相配区域内节点号数组 mm (5, 5)
*dim,mm,,5,5

*do,i,1,5,1
*do,j,1,5,1
mm(i,j)=node(rw,jio(j),zz(i))
*enddo
*enddo

②生成 Link10 单元

et,3,Link10！定义单元类型
keyopt,3,3,1！选择单元选项,只受压(only compression)
r,1,0.015,！定义 Link10 的实常数,0.015 为杆的横截面面积
mp,ex,3,2e11！定义材料弹性模量
mp,prxy,3,0.3！定义材料泊松比
*do,i,1,5,1
*DO,J,1,5,1
E,NN(i,J),MM(i,J)！生成 Link10 单元
*ENDDO
*ENDDO

这样完成$\phi 4.2\text{m}\times 13\text{m}$ 滑履磨计算模型网格如图 2-59 所示。

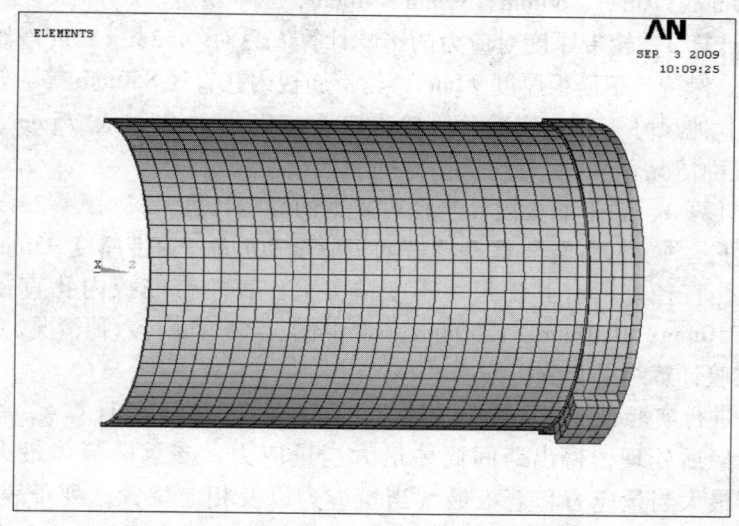

图 2-59 $\phi 4.2\text{m}\times 13\text{m}$ 滑履磨计算模型网格图

2.9.2 结构参数对应力的影响

1. 试验计算基本数据

如 2.8 中所述履磨磨体应力分布特点,其最大当量应力主要集中在跨距中

部和支承区域。我们把注意力放在跨距中点区域筒体厚度、轮带筋板厚度、轮带厚度和轮带筋板内孔半径 4 个参数上，以它们为实验计算变量，探讨它们对上述两个区域的最大当量应力的影响。应该说明的是，这里轮带厚度指轮带中间加厚部分的厚度。

实验计算 1，跨间筒体厚度对应力的影响。以 $\phi 4.2\text{m} \times 13\text{m}$ 滑履磨为实验计算对象，仍以图 2-54 所示数据为基本数据，改变筒厚 t_1 尺寸，其他数据不变，共 3 组实验数据：

(1) $S_{12} = 0$，跨距中点区域筒厚 $t_1 = 0.044$，其他尺寸不变。
(2) $S_{12} = 0.1\text{m}$，跨间筒厚 $t_1 = 0.040$，其他尺寸不变。
(3) $S_{12} = 0.1\text{m}$，跨间筒厚 $t_1 = 0.030$，其他尺寸不变。

实验计算 2，筋板厚度对应力的影响计算。对 $\phi 4.4\text{m} \times 15\text{m}$ 滑履磨，我们保持轮带厚度 100mm，筋板内孔直径 900mm 等除筋板厚度外的所有其他尺寸不变（图 2-3），筋板实验计算厚度分别为 90mm、80mm、70mm、60mm、50mm，五种情况。对 $\phi 4.2\text{m} \times 13\text{m}$ 滑履磨，类似地，保持轮带厚度 95mm，筋板内孔直径 850mm 等除筋板外的所有其他尺寸不变。实验计算筋板厚度为 90mm、80mm、70mm、60mm、50mm、40mm，六种情况。

实验计算 3，轮带厚度对应力的影响计算。只对 $\phi 4.2\text{m} \times 13\text{m}$ 滑履磨进行实验计算。保持轮带筋板厚度 90mm，轮带筋板内孔直径 850mm 等除轮带厚度外的所有其他尺寸不变，实验计算轮带厚度有 95mm、85mm、75mm、65mm、55mm，五种情况。

实验计算 4，轮带筋板内孔半径对应力的影响计算。只对 $\phi 4.2\text{m} \times 13\text{m}$ 滑履磨进行了这种实验计算。保持轮带筋板厚度 90mm，轮带厚度 95mm 等除轮带筋板内孔直径外所有其他尺寸不变，实验计算轮带筋板内孔直径分别为 850mm、950mm、1050mm、1250mm、1450mm、1650mm，六种情况。

2. 实验计算结果和分析结论

依次进行实验计算 1、实验计算 2、实验计算 3 和实验计算 4，每次实验计算后，经后处理，得出跨间筒体最大当量应力、支承区筒体最大当量应力、轮带最大当量应力和筋板最大当量应力以及相应位置，列于表 2-15 至表 2-19。

应该说明的是，对于轮带筒体一体化滑履磨，轮带可看成支承区筒体的一部分。这里所谓支承区筒体最大当量应力是指支承区磨体圆筒部分轮带以外部分筒壳的最大当量应力。轮带区域最大当量应力单独按轮带最大当量应力给出。另外，对支承部分，各最大当量应力位置表示成：$a/b/c$。这里，数字 a 为应力发生点至磨体中心轴线径向距离（m）；b 为应力发生点至磨体横截面最低点的环向角度（°）。数字 c 为应力发生点至磨体跨距中点的轴向距离（m）。

表 2-15　跨间筒体厚度对应力的影响（$\phi4.2m\times13m$ 滑履磨）

厚度：mm　应力：MPa

实验计算跨间筒厚	跨间筒体最大当量应力		支承区域最大当量应力					
			筋板		轮带		支承区域筒体	
	数值	位置	数值	位置	数值	位置	数值	位置
44	31.2	跨距中点横截面最低点	22.45	1.9775/30/6.695	20.48	2.1/42/6.17	22.76	2.1/42/5.913
40	34.24		22.92	2.08/24/6.605	20.95	2.1/42/6.17	24.49	2.1/48/5.913
30	45.31		26.65	2.08/24/6.605	22.65	2.1/42/6.17	31.6	2.1/48/5.913

表 2-16　轮带筋板厚度对应力的影响（$\phi4.4m\times15m$ 滑履磨）

厚度：mm　应力：MPa

实验计算筋板厚度	跨间筒体最大当量应力		支承区域最大当量应力					
			筋板		轮带		支承区域筒体	
	数值	位置	数值	位置	数值	位置	数值	位置
90	35.41	跨距中点横截面最低点	22.57	2.0886/0/7.505	18.27	2.3/24/7.95	27.13	2.2/48/6.668
80	35.89		25.10	2.18/0/7.51	18.90	2.3/24/7.95	27.34	2.2/48/6.668
70	35.93		23.63	2.08857/0/7.515	19.18	2.3/24/7.95	27.22	2.2/48/6.668
60	36.1		24.60	2.08857/0/7.52	19.84	2.3/24/7.95	27.34	2.2/48/6.668
50	35.1		32.38	2.18/48/7.575	27.02	2.3/24/7.95	27.01	2.2/42/6.668

表 2-17　轮带筋板厚度对应力的影响（$\phi4.2m\times13m$ 滑履磨）

厚度：mm　应力：MPa

实验计算筋板厚度	跨间筒体最大当量应力		支承区域最大当量应力					
			筋板		轮带		支承区域筒体	
	数值	位置	数值	位置	数值	位置	数值	位置
90	31.2	跨距中点横截面最低点	22.45	1.9775/30/6.695	20.48	2.1/42/6.17	22.76	2.1/42/5.913
80	31.3		23.25	1.9775/30/6.69	20.66	2.1/42/6.17	22.9	2.1/42/5.913
70	31.4		24.21	1.9775/30/6.685	20.83	2.1/42/6.17	22.94	2.1/42/5.913
60	31.6		25.42	1.9775/30/6.68	21.0	2.1/42/6.17	22.9	2.1/42/5.913
50	31.6		27.06	1.9775/30/6.675	21.12	2.1/42/6.17	23.0	2.1/48/5.913
40	31.6		31.83	2.08/24/6.63	21.67	2.195/24/6.97	23.1	2.1/48/5.913

表 2-18 轮带厚度对应力的影响（$\phi 4.2m \times 13m$ 滑履磨）

厚度：mm　应力：MPa

实验计算轮带厚度	跨间筒体最大当量应力		支承区域最大当量应力					
			筋板		轮带		支承区域筒体	
	数值	位置	数值	位置	数值	位置	数值	位置
95	31.2	跨距中点横截面最低点	22.45	1.9775/30/6.695	20.48	2.1/42/6.17	22.76	2.1/42/5.913
85	31.35		21.52	1.9775/30/6.695	20.69	2.1/42/6.17	22.71	2.1/42/5.913
75	31.46		21.45	1.9775/30/6.695	20.86	2.1/42/6.17	22.93	2.1/42/5.913
65	31.51		22.92	1.9775/30/6.695	22.71	2.1/24/6.585	22.93	2.1/42/5.913

表 2-19 轮带筋板内孔半径对应力的影响（$\phi 4.2m \times 13m$ 滑履磨）

厚度：mm　应力：MPa

实验计算筋板内孔直径	跨间筒体最大当量应力		支承区域最大当量应力					
			筋板		轮带		支承区域筒体	
	数值	位置	数值	位置	数值	位置	数值	位置
850	31.2	跨距中点横截面最低点	22.45	1.9775/30/6.695	20.48	2.1/42/6.17	22.76	2.1/42/5.913
950	31.2		22.36	1.9858/30/6.695	20.19	2.1/42/6.17	22.77	2.1/42/5.913
1050	31.2		22.27	2.08/18/6.605	20.49	2.1/42/6.17	22.78	2.1/42/5.913
1250	31.2		23.07	2.1/18/6.585	20.53	2.1/42/6.17	22.85	2.1/48/5.913
1450	31.2		25.3	1.45/78/6.605	20.63	2.1/42/6.17	23.04	2.1/48/5.913
1650	31.15		35.78	1.65/78/6.605	28.0	2.1/48/6.715	23.5	2.1/48/5.913

纵观以上计算结果，得出如下结论：

（1）跨距中点区域筒体厚度减少将直接导致跨间筒体当量应力增大，对支承区域的应力也有一定增大影响，但影响较小。对 $\phi 4.2m \times 13m$ 滑履磨，跨距中点区域筒体厚度从 44mm 减少至 30mm 时，跨间筒体最大当量应力从 31.2MPa 增至 45.31MPa，而支承区域筒体最大当量应力从 22.76MPa 增至 31.6MPa（表 2-15），其中，支承区域筒体受影响较大，而轮带、筋板当量应力受影响较小。

（2）在改变轮带筋板厚度、轮带厚度和轮带筋板内孔半径的所有实验计算得到的跨间筒体最大当量应力几乎没有变化，且位置都发生在跨距中点横截面最下部。也即，支承结构参数改变与跨距中点最大当量应力关系很小。因为，根据圣维南原理，支承部分结构参数变化，但仍保持静力等效，只对支承附近结构应力发生影响，对与之远离的区域应力影响很小。

(3) 随筋板厚度减小，筋板最大当量应力升高，轮带最大当量应力也有提升。当筋板厚度减至很薄前，应力增加比较迟缓，当筋板厚度减至很薄时，应力升高速度才有所加快。$\phi 4.4m \times 15m$ 滑履磨，当筋板厚度从 90mm 降到 60mm 时，筋板最大当量应力和轮带最大当量应力分别才由 22.57MPa 和 18.27MPa 升至 24.6MPa 和 19.84MPa，筋板厚度降至 50mm，这两处最大当量应力分别升至 32.38MPa 和 27.02MPa，有了明显提高。在筋板厚度变化的整个过程中，支承部分筒体最大当量应力几乎没有变化。这又可以用圣维南原理来解释。筋板厚度变化当然会影响筋板本身应力，也会波及与之直接相连的轮带（表 2-16）。对 $\phi 4.2m \times 13m$ 滑履磨，情况类似（表 2-17）。总之，筋板厚度减小，筋板最大当量应力和轮带最大当量应力都有所提升。但一般情况下，这个上升过程非常缓慢，直到筋板非常薄时，筋板最大当量应力才有较大幅度的上升。另外，筋板厚度下降，对支承部位筒体最大应力影响很小。

(4) 轮带厚度减小，轮带和筋板最大当量应力都有提升。同样也是轮带厚度变化幅度小时，影响不明显。另外，轮带厚度变化对支承区筒体应力影响不大（表 2-18）。

(5) 筋板内孔直径变化因使筋板刚度变化必然影响到筋板和轮带应力。筋板内孔直径增大，筋板和轮带应力上升。内孔较小时，应力变化较慢，筋板内孔直径已经较大时，筋板和轮带应力提升速度加快。$\phi 4.2m \times 13m$ 磨，筋板内孔直径从 850mm 增大至 1250mm，增加幅度达 400mm，而筋板最大当量应力仅从 22.45MPa 增至 23.27MPa，轮带最大当量应力从 20.48MPa 增至 20.53MPa。而筋板内孔直径再有一个同样的增幅 400mm，内孔直径达 1650mm 时，筋板和轮带最大当量应力分别增至 35.78MPa 和 28.0MPa（表 2-19）。

由以上计算结果，总的来说，一般情况下，滑履磨磨体支承部分的结构应力水平比较低。强度问题大概不会构成运行中机械故障的主要因素。然而，这是否可以说，在设计滑履磨支承元部件时，只要按一般尺寸选择，因不会引起太大的应力所以就没有问题呢？回答是否定的。因为设计时，不但要考虑强度，还要考虑刚度；不仅考虑应力还要考虑变形。特别对滑履磨支承轮带，作为液体动力式润滑的重要元件，它的变形直接关系到磨机润滑工作状态。所以，强度问题不那么突出，但还应在设计中控制轮带和滑履瓦的变形，保证磨机正常运转。这方面的工作我们做得还很不够。

2.10 轮带和筒体法兰连接滑履磨的计算

出于制造、安装、运输等方面的原因，有时滑履磨的设计要选轮带法兰连接结构。前面已做过 $\phi 4.4m \times 15m$ 轮带、筒体一体化滑履磨的计算分析，现在在尽量保持同样的结构尺寸、同样研磨体物料载荷、同样衬板等内部装置的情况下、对结构做相应改造,将$\phi 4.4m\times 15m$轮带、筒体一体化滑履磨改造成轮带、筒体法兰连接滑履磨,以此作为计算磨进行分析计算。下面给出具体计算模型尺寸和其他有关数据,计算处理,计算结果和分析。

2.10.1 计算轮带法兰连接滑履磨模型基本数据和计算处理

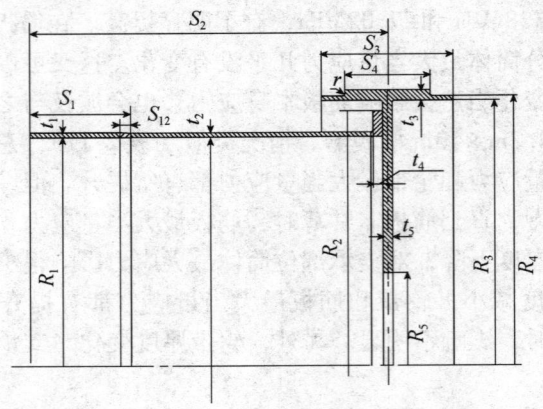

长度:m

S_1	S_{12}	S_2	S_3	S_4	t_1	t_2	t_3	t_4
3	0.1	7.55	1.24	0.8	0.05	0.042	0.1	0.09
t_5	R_1	R_2	R_3	R_4	R_5	r		
0.09	2.2	2.45	2.55	2.592	0.9	0.02		

注:r 为圆角半径。

图 2-60 计算法兰连接滑履磨简化模型($\frac{1}{4}$)磨体尺寸

研磨体物装载量和内部装置重,仍按$\phi 4.4m\times 15m$一体化磨的情况,但轮带筒体一体化磨和轮带法兰连接磨磨体结构和结构体积稍有不同,对当量密度进行了重新计算,为17716kg/m³。另外为简化计算,将轮带与筒体的法兰连接处理为筒体和轮带为一体。滑履瓦瓦面圆弧半径为轮带半径加0.001m,与轮带等宽。它的几何建模,与$\phi 4.4m\times 15m$轮带筒体一体化磨同样,在PRO/E上完成,引入ANSYS后进行接续的处理。其他计算处理也与前面$\phi 4.4m\times 15m$一体化磨类似。

2.10.2 计算结果和分析

我们将分跨间筒体和支承区域两部分计算分析。滑履瓦的情况应该与轮带筒体一体化滑履磨一样,不再讨论。

1. 跨间筒体

图 2-61 至图 2-66 分别为磨体内外表面当量应力图，轴向应力和环向应力图。对照轮带筒体一体化磨相应图，图 2-15、图 2-16、图 2-21、图 2-22、图 2-23、图 2-24，发现它们完全相应、一一类似，应力分布一致。在数值上，法兰连接磨跨间筒体最大当量应力为 34.7MPa，与相应一体化磨的跨间筒体最大当量应力 35.69MPa，也极为接近。这完全符合圣维南原理，而且位置相同。这两种磨，支承细部结构和边界作用方式不同，但仍保持静力等效，支承区以外区域，应力差别不大。

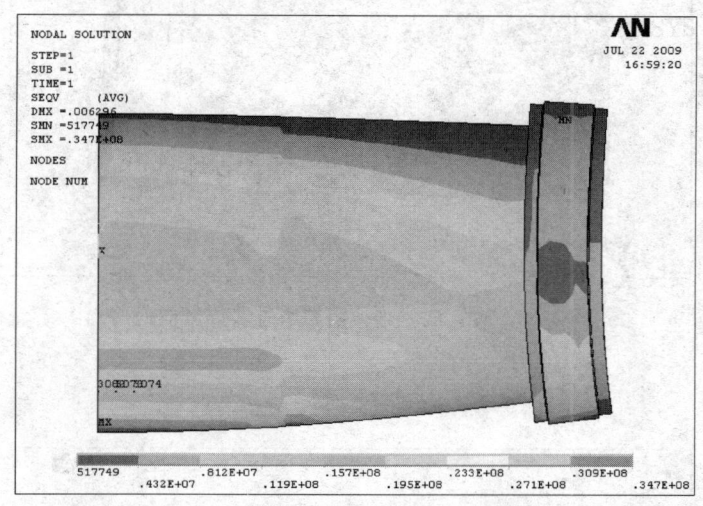

图 2-61 计算法兰连接滑履磨外表面当量应力

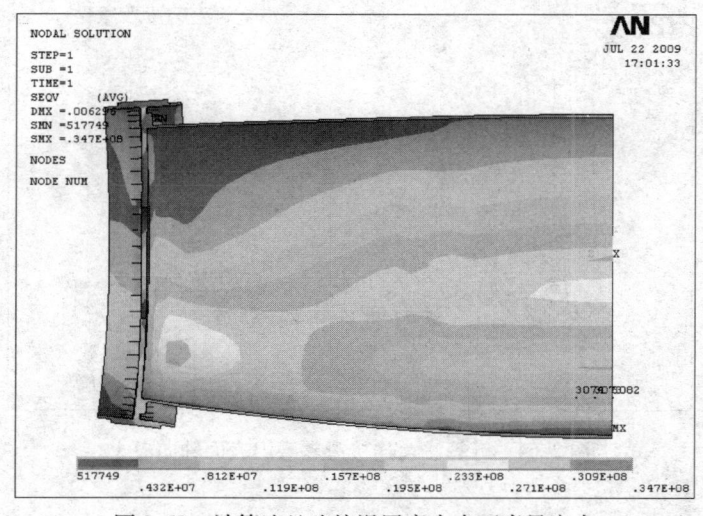

图 2-62 计算法兰连接滑履磨内表面当量应力

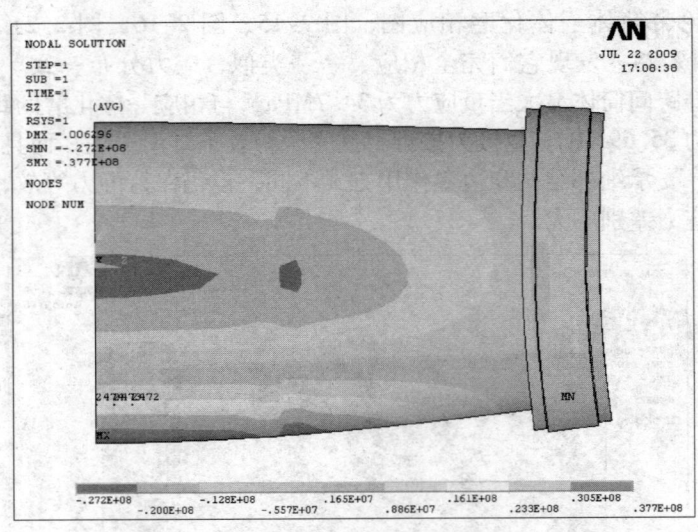

图 2-63　计算法兰连接滑履磨外表面轴向应力

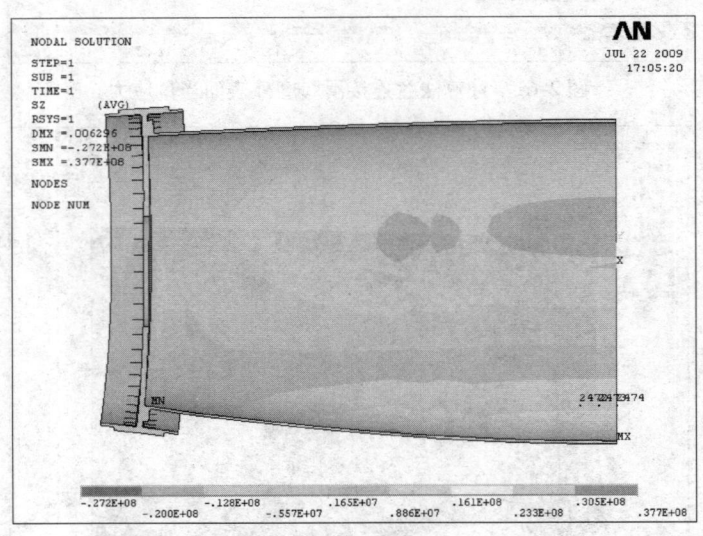

图 2-64　计算法兰连接滑履磨内表面轴向应力

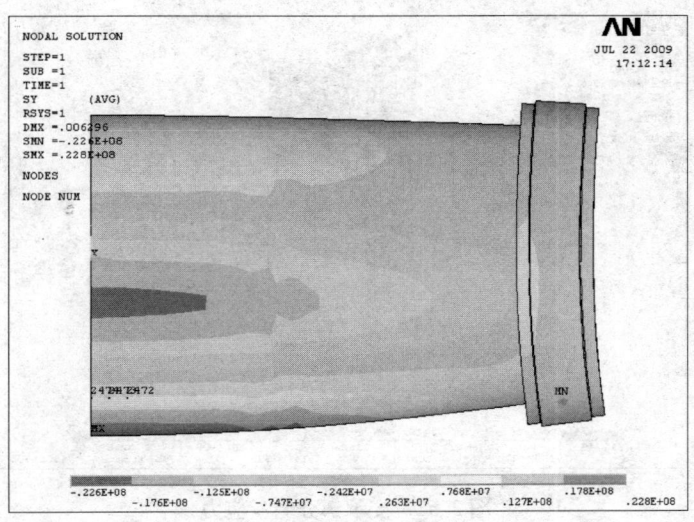

图 2-65　计算法兰连接滑履磨外表面环向应力

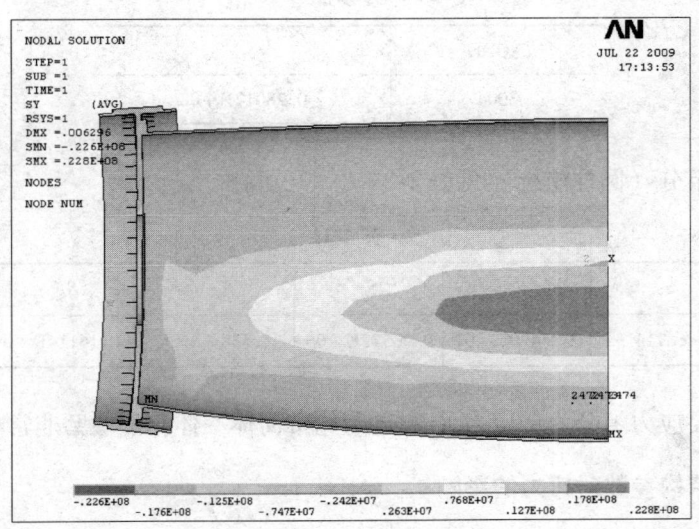

图 2-66　计算法兰连接滑履磨内表面环向应力

2. 支承部分

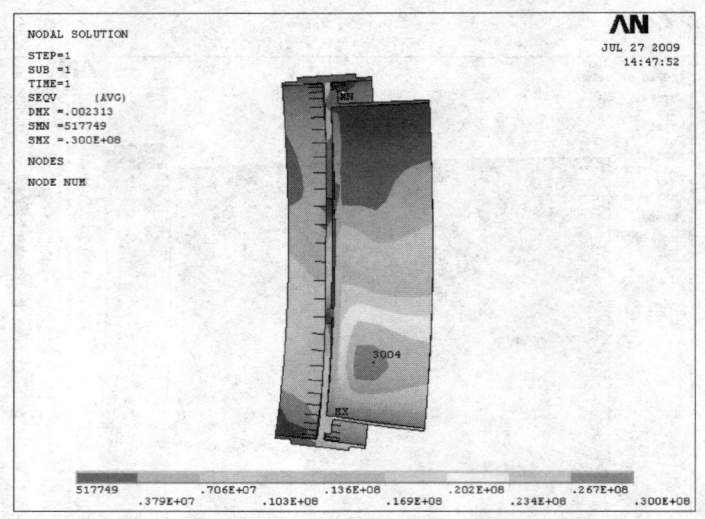

图 2-67　支承部分当量应力

上图为支承部分当量应力云图。图中的红色斑块是最大应力区域,最大当量应力发生在节点 3004,其大小见表 2-20。

表 2-20

NODE	S_{eqv}
3004	0.28012E+08

应力组分(圆柱坐标)见表 2-21。

表 2-21

NODE	S_x	S_y	S_z	S_{xy}	S_{yz}	S_{xz}
3004	-66714.	0.26420E+07	0.90572E+06	4386.6	-0.16114E+08	25027.

最主要应力组分为剪应力 S_{yz}。这与轮带筒体一体化滑履磨非常相似。

2.10.3　结构参数对应力的影响

为了解结构参数对应力的影响,还是用实验计算的方法。以图 2-60 中数据为基础,依次将筋板厚度从 90mm 改为 70mm 和 50mm,将轮带厚度(轮带中间厚度)从 100mm 减为 50mm,分别进行实验计算,结果见表 2-22:

表 2-22 滑履磨实验计算结果   厚度：mm   应力 MPa

轮带厚度/筋板厚度	跨间筒体最大当量应力		支承部位最大当量应力	
	数值	位置	数值	位置
100/90	34.72	跨距中点横截面最低点	28.01	2.2/48/6.93
100/70	35.11		32.58	2.53/42/7.515
100/50	35.33		35.23	2.49/30/7.525
50/90	35.23		31.87	2.49/30/7.505

从上表数据看出，法兰连接滑履磨与轮带筒体一体化滑履磨在应力方面的状况非常类似。总体来说，跨间筒体应力与支承部位的结构参数变化关系不大。支承部位的应力水平较低，随筋板、轮带厚度减薄，支承部位的最大当量应力升高。总体上说，前面给出的关于轮带筒体一体化滑履磨的关于应力状态特点的结论，一般也适用于法兰连接滑履磨。不过，参照前面 $\phi 4.4m \times 15m$ 滑履磨数据，与上表数据比较可看出，同规格、同载荷的一体化磨和法兰连接磨，支承部位对应位置上应力，后者稍大于前者；另外，法兰连接磨支承部位最大当量应力往往发生在轮带翼缘内表面与连接法兰外圆之间环形空间的筋板上。所以筋板上这个环形区域是这种磨的较薄弱部分。表 2-22 的后三个磨的支承部位最大当量应力位置如表中所示，都发生在这个环形区域内。图 2-68、图 2-69、图 2-70 为这三台磨支承区人面对筋板内侧的当量应力图，图中的红色区域即最大当量应力区域。

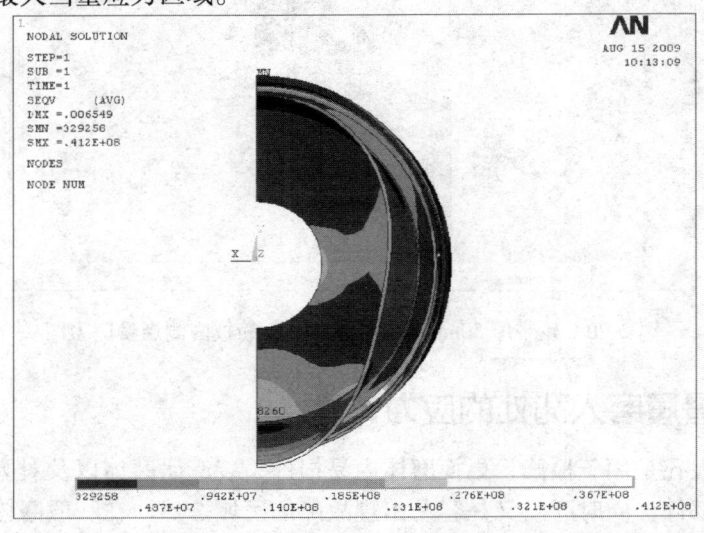

图 2-68 轮带厚 100mm，筋板厚 70mm 筋板内侧当量应力图

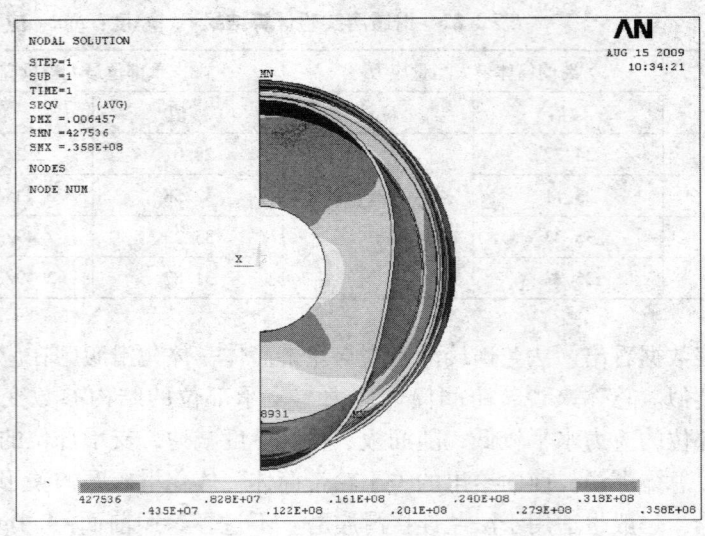

图 2-69　轮带厚 100mm，筋板厚 50mm 筋板内侧当量应力图

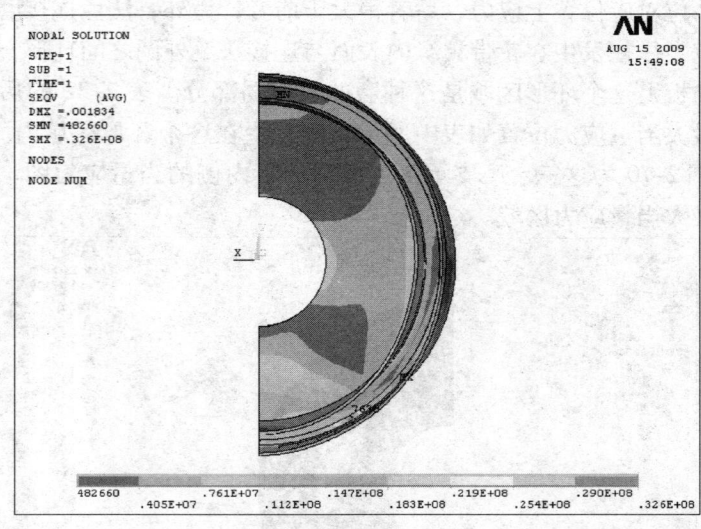

图 2-70　轮带厚 50mm，筋板厚 90mm 筋板内侧当量应力图

2.11　滑履磨人孔处的应力计算

磨门人孔是用于检修、更换磨体内易损件，装卸研磨体以及对磨内物料采样的重要部件，同时磨门又是容易出现故障的区域。然而在一般磨体应力分析计算中，往往不考虑人孔，所以现在有必要进行人孔区域磨体应力分析计算，

得出该处应力分布特点,指导设计和维护。

人孔磨门有多种结构,这里我们还是选择$\phi 4.2m \times 13m$滑履磨作为计算磨,探讨该磨磨门人孔处应力分析。这部分计算大部分与前面介绍基本相同。但因为这里在结构上考虑了磨门人孔,所以在几何建模和网格划分以及研磨体物料载荷加载方面有一定的特点,这是本节重点。

2.11.1 基本数据和假设

除磨门人孔位置及其细部尺寸外,磨机简化模型主要尺寸仍按2.9.1.1设定。即跨距保持13.3m,两轮带尺寸均按卸料端轮带尺寸,假设整个磨体轴向两侧对称并关于过磨体中心线铅直纵剖面对称。该磨磨体中部横截面有一个磨门,轴向稍偏离跨距中点。为保持计算模型的轴向对称,我们按该磨门恰好位于跨距中点计算。着眼于受力最不利的情况,我们的计算模型按跨距中点磨门处于磨体横截面最低位置来建立。磨体两侧的磨门横截面距跨距中点4m,一个横截面上有相距180°的两个人孔磨门。其中一个与跨距中点磨门处于同一环向位置上。人孔磨门结构尺寸如图2-71。为简化计算,认为筒体与人孔补强板为一体,并忽略磨门人孔盖对磨体结构刚度的贡献,在模型中不考虑人孔盖。

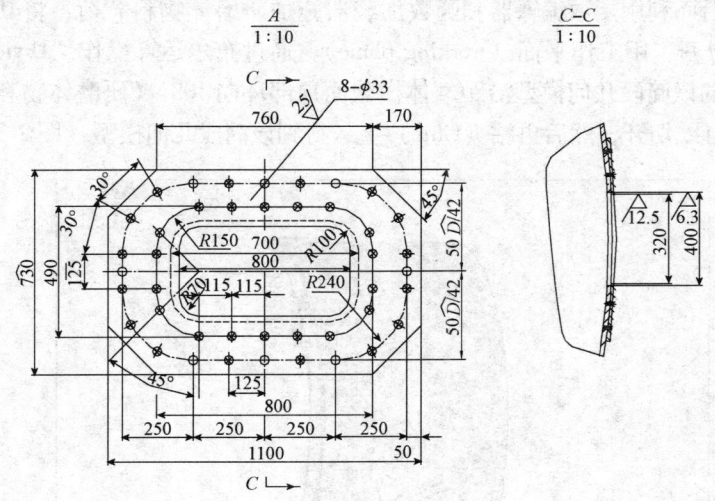

图2-71 人孔磨门尺寸

2.11.2 几何模型和网格划分

磨体部分因人孔和人孔补强板带来结构上的复杂性,使它的几何建模和网格划分与前面这种磨的处理有些不同。而滑履瓦几何模型建立,网格划分和

Link10 杆单元生成与前面 2.9.1 中的 2 介绍完全相同，不再重复。下面只重点讨论磨体几何模型建立和网格划分。

1. 磨体几何模型

为建模方便，将磨体简化模型分为 4 个筒段（图 2-72），其中，筒段 2 宽度 1.2m 为筒段 4 宽度的 2 倍。筒段 4 的左侧面过跨距中点。筒段 2 顶部和底部有人孔，筒段 4 底部有人孔。下面作为"体"，分别生成 4 个筒段粘结在一起。

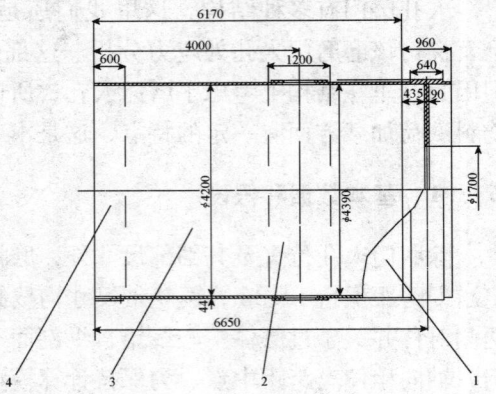

图 2-72 磨体模型分成的 4 个筒段

（1）筒段 1 和瓦块，这部分由没有人孔的筒体、轮带和瓦块组成，与 2.9 中介绍过的不考虑人孔的整个 $\phi 4.2m \times 13m$ 滑履磨计算模型一样，只不过现在讨论的筒段 1 的筒体短得多。

①用与 2.9.1 同样的方法生成筒段 1 和瓦块。

②为后面利用函数编辑器和函数加载器施加研磨体物料载荷，将其作用区与其余部分分开，用工作平面（working plane），通过布尔运算操作"Divide"，将作为"体"的该筒段几何模型沿距磨体横截面顶部环向 108°（研磨体物料载荷作用区起点）母线切开，然后再粘（Glue）上，得到该筒段几何模型（图 2-73）。

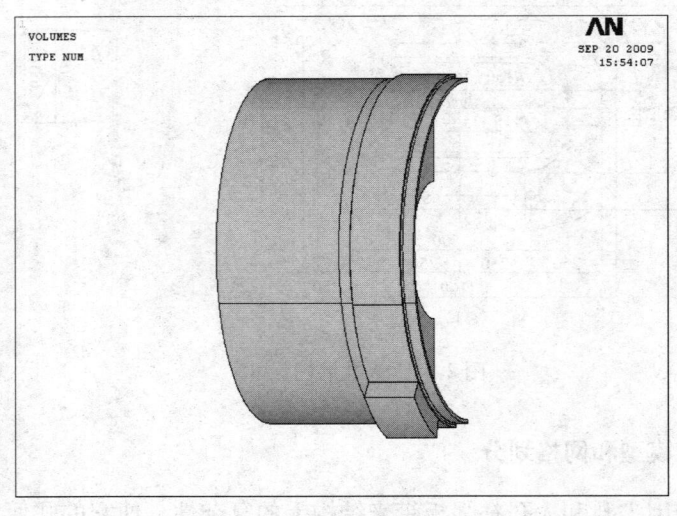

图 2-73 筒段 1 几何模型

(2) 筒段 2。先生成筒体，再生成筒体人孔，人孔补强板。
① 生成筒体

输入命令：cylind, 2.1, 2.144, 3.4, 4.6, 90, 270

2.1, 2.144 分别为筒体内外半径；3.4, 4.6 分别为该段筒体两侧边轴向坐标；90, 270 分别为筒体上下端按圆柱坐标的角度。

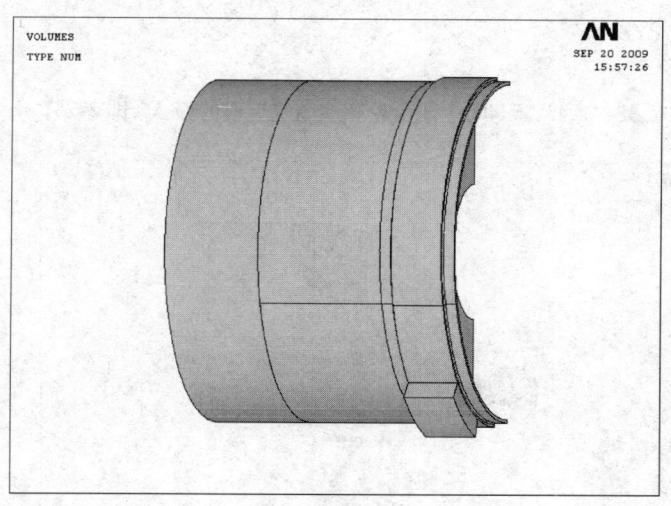

图 2-74　筒段 1 旁生成筒段 2 筒体

② 切出人孔

a. 在 $x=-3$ 的辅助面上，通过建立关键点，连线生成人孔轮廓线，并生成由此轮廓线围成的面。输入如下命令：

k,201,-3,.0.16,3.77

k,202,-3,-0.16,3.77

k,203,-3,-0.16,4.23

k,204,-3,0.16,4.23

k,205,-3,0.09,2.7

k,206,-3,-0.09,2.7

k,207,-3,-0.09,4.3

k,208,-3,0.09,4.3

k,209,-3,0.09,3.77

k,210,-3,-0.09,3.77

k,211,-3,-0.09,4.23

k,212,-3,0.09,4.23

larc,201,205,209,0.07
larc,206,202,210,0.07
larc,203,207,211,0.07
larc,204,208,212,0.07
l,201,204
l,205,206
l,202,203
l,207,208
al,35,36,37,38,41,43,38,40,生成由轮廓线围绕生成的面 A_8,图 2-75。

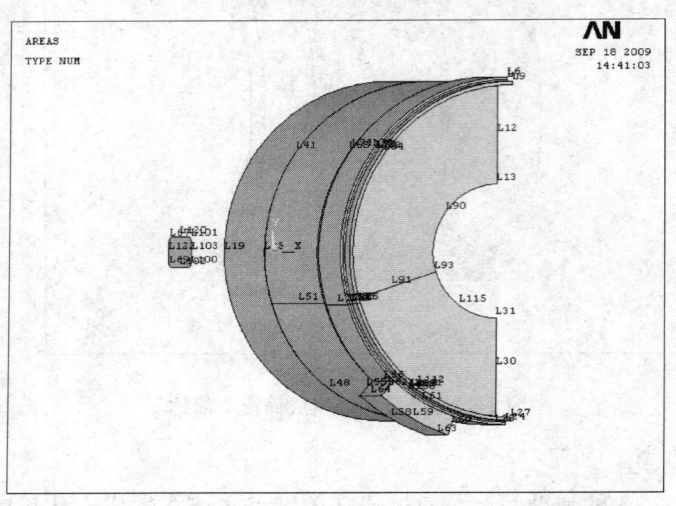

图 2-75　生成筒体人孔面

b. 生成贯穿筒段 2 筒体顶部和底部且横截面为筒体人孔口的立柱
输入以下命令：
*csys,1！转换坐标为圆柱坐标
*afun,deg！以"°"为角度单位
Agen,1,8,,,,90,,,,1！将面 A_8 向下转 90°至最下位置,图 2-76
Voffst,8,-10！向上拉伸面 A_8,距离 10,生成截面为 A_8 的立柱,图 2-77
c. 通过布尔运算"体"相减,切出筒段 2 筒体人孔,图 2-78
VSBV,1,2！"体"相减。筒段 2 筒体和立柱,作为"体",编号分别为 1、2
③生成人孔补强板
先在已生成的几何模型旁边生成补强板圆柱壳,切出人孔和外周边形状,再移至其所在位置。

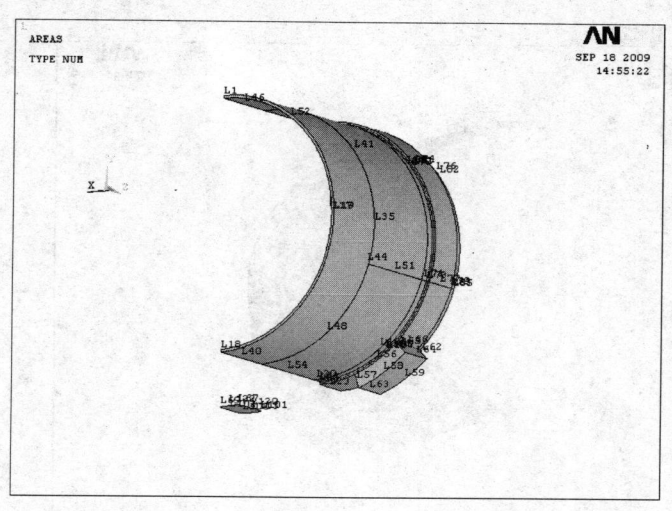

图 2-76　将水平位置人孔口面转至最低位置

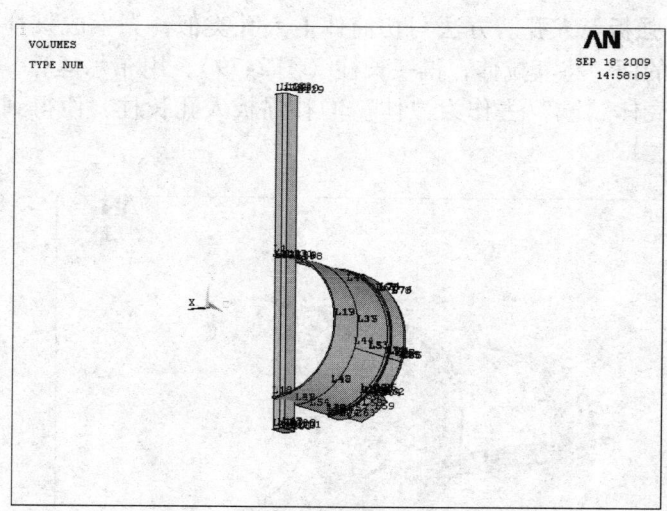

图 2-77　将人孔口面拉伸成立柱

a. 先生成补强板圆柱壳。

输入命令：

cylind,2.144,2.188,9.45,10.55,90,270！暂定补强板中心轴向坐标 $z=10$

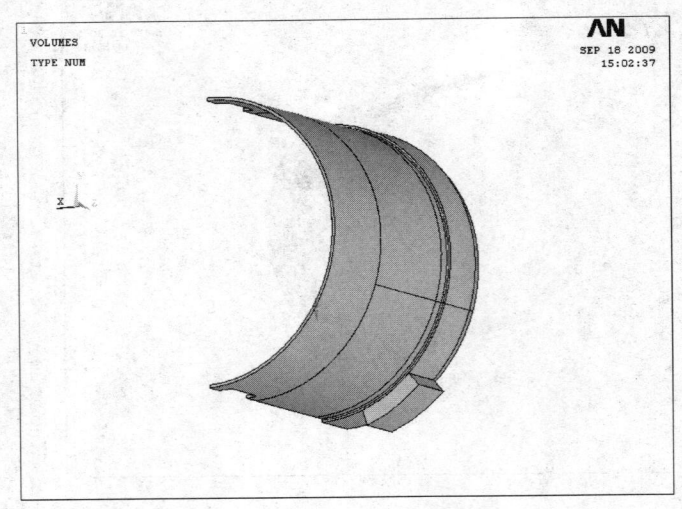

图 2-78　切出筒段 2 人孔

b. 切出补强板上人孔。方法与切筒体上人孔类似，先生成该补强板上人孔轮廓线围成的面，将其拉伸，得一长柱（图 2-79），用布尔运算，将前面生成的补强圆柱壳体"减"去作为"体"的补强板人孔长柱，便得到补强板人孔（图 2-80）。

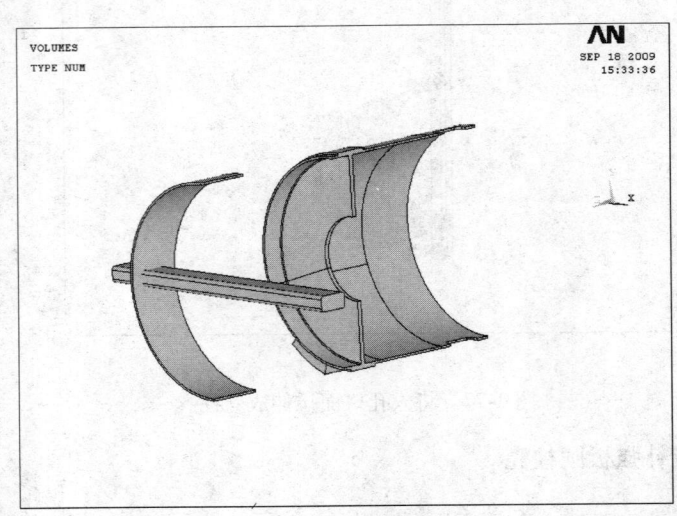

图 2-79　生成磨门补强板人孔长柱

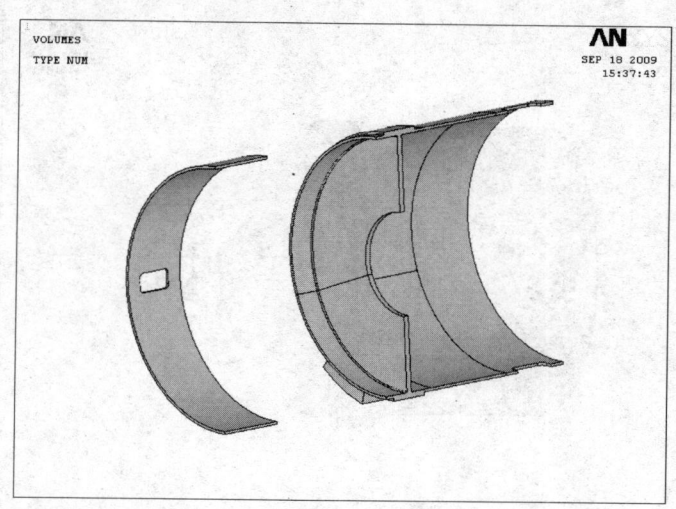

图2-80 补强板圆柱壳体"减"去生成磨门补强板人孔长柱,生成补强板人孔

c. 补强板切边,得出其多边形外形轮廓:
输入如下命令流,在 $x=-5$ 辅助面上,得出补强板外周界轮廓线。
k,301,-5,0.365,9.62
k,302,-5,-0.365,9.62
k,303,-5,-0.365,10.38
k,304,-5,0.365,10.38
k,305,-5,0.195,9.45
k,306,-5,-0.195,9.45
k,307,-5,-0.195,10.55
k,308,-5,0.195,10.55
l,301,305
l,305,306
l,306,302
l,302,303
l,303,307
l,307,308
l,308,304
l,304,301

d. 用工作平面(working plane),通过布尔运算"divide",沿补强板轮廓线,且垂直 yz 坐标面的工作平面切割补强板,最终得到切好人孔且有指定尺寸的人孔补强板(图2-81)。

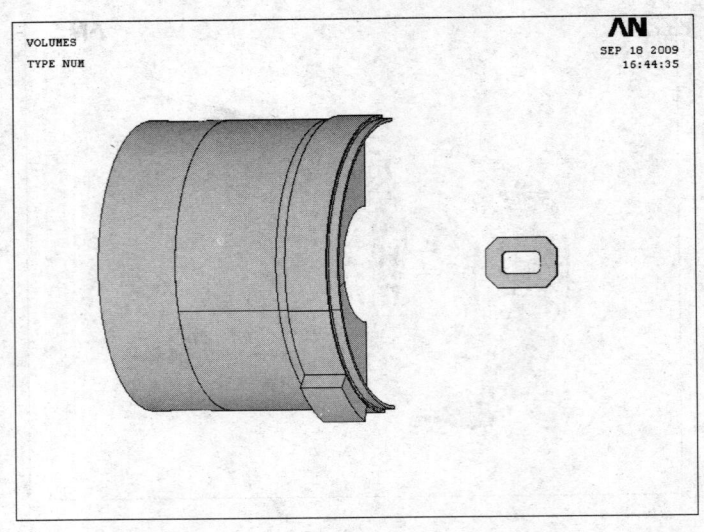

图 2-81　生成人孔补强板（尚未就位）

e. 拷贝（copy）补强板到应该所在位置上去。具体步骤，可转换到圆柱坐标，将补强板从水平位置旋转拷贝到最下位置和最高位置（图 2-82），再轴向移动到筒段 2 下部和最上部人孔位置，并与筒体粘结。再用此工作平面通过布尔运算"Divide"切去补强板伸出计算模型以外的部分。

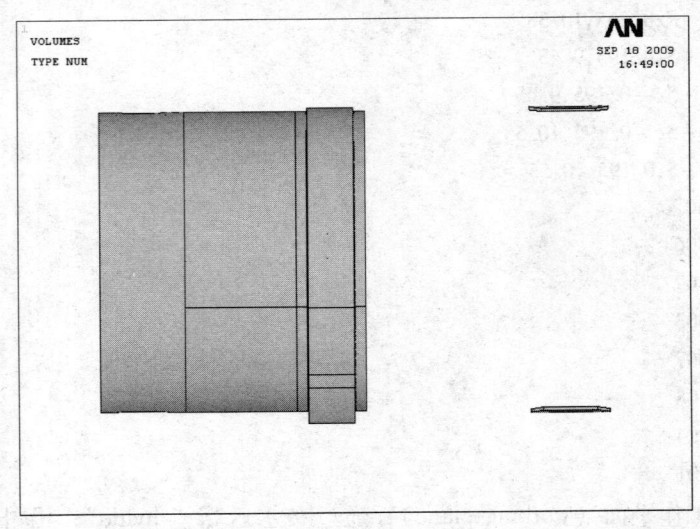

图 2-82　环向顶部和底部人孔补强板（轴向不是最终位置）

f. 用工作平面（working plane）通过布尔运算操作"divide"，切割筒段2，沿距磨体横截面顶部环向108°筒体母线，切割筒体，然后再粘结上（glue），划分研磨体物料作用区和非作用区如图2-83所示。

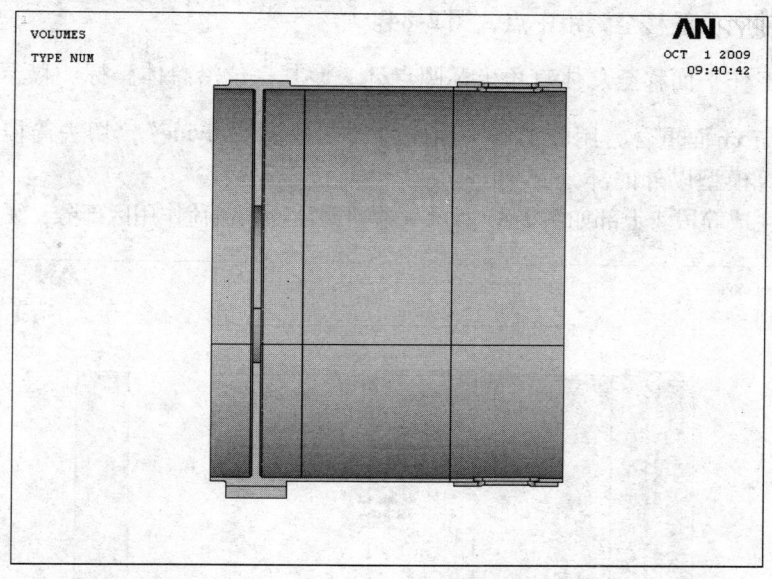

图2-83 生成带人孔、人孔补强板的筒段2

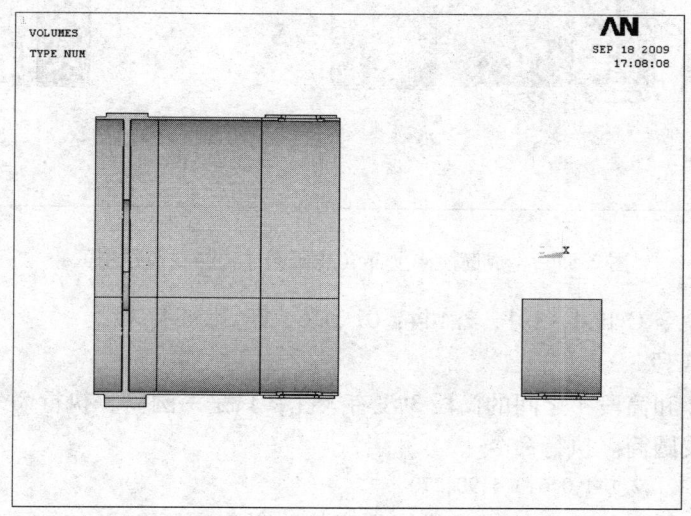

图2-84 将同筒段2下部复制成筒段4下部（已切人孔并包括补强板）

(3) 筒段 4

分别生成研磨体物料载荷作用区的下部和非作用区的上部。

①将筒段 2 下部（研磨体物料作用区部分）水平移动拷贝，使新拷贝人孔中心轴向位置移至跨距中点，图 2-84。

将工作平面移至总体直角坐标圆点处，使其 $\dfrac{1}{x}$ 位沿总体坐标。移至跨距中点，且与 xy 面重合，用此工作平面通过布尔运算"divide"，切去筒段 4 下部伸出计算模型以外的部分。

②生成筒段 4 上部如图 2-85 所示（非研磨体物料载荷作用区部分，无人孔）。

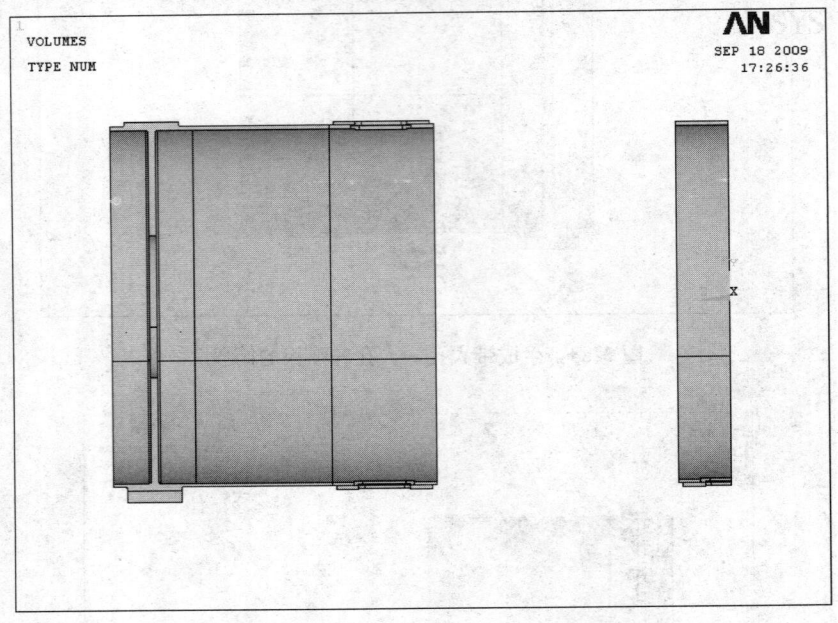

图 2-85 生成筒段 4 上部（非研磨体物料载荷作用区）

输入命令 Cylind, 2.1, 2.144, 0, 0.6, 90, 198！

(4) 筒段 3

筒段 2 和筒段 4 之间的筒段 3 没有人孔，只是一圆筒，执行命令：

①生成圆筒。执行命令

Cylind,2.1,2.144,0.6,3.4,90,270

②沿距筒顶部 108°筒体母线将研磨体物料作用区和非作用区分开，方法同前。

最后，对所有"体"，粘结一遍：

Vglue,all

至此，磨体生成完毕（图2-86）。

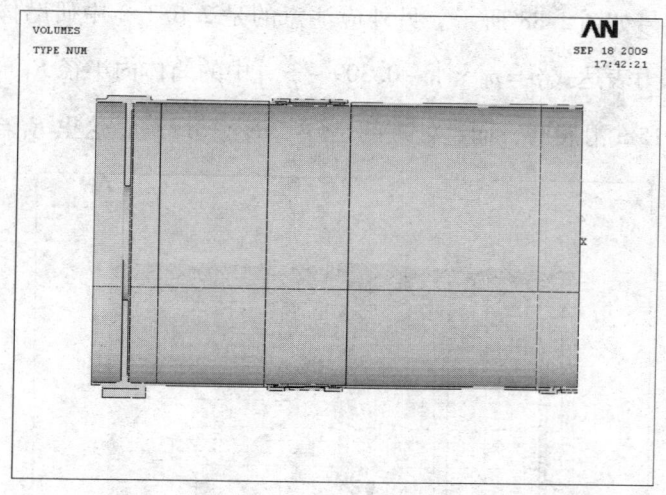

图2-86 包括人孔及其补强板的磨体模型

2. 磨体网格划分

网格划分前，先设定单元类型、材料属性（参照2.3，2.4）。分网可仍借助"Meshtool"进行。筒段1，没有人孔，网格划分与前面介绍相同。设定线段分格数，选择"Meshtool"对话框中网格划分："Volume"；形状选择："Hex/Wedge"；方式："Sweep"。单击键"Sweep"，拾取筒段1的上下两部分，最后单击"OK"。注意筒段上部，下部环向分格数分别为18格和12格（每格6°）。

滑履瓦几何模型及网格和Link10单元的生成与不考虑人孔时$\phi 4.2m \times 13m$滑履磨完全相同（见2.9.1中的2）。筒段3，与筒段1类似，上、下两部分环向分格同样分别为18、12。设定"Hex lwedge"，"Sweep"，扫掠生成网格。筒段4和筒段2有人孔，网格形状选"Tet"方式："Free"，单击链"Mesh"，拾取筒段的上、下部以及人孔补强板，完成网格划分，如图2-87所示。

2.11.3 加载

磨体自重载荷的加载与前面不考虑人孔的$\phi 2m \times 13m$滑履磨时一样，当量密度为10961kg/m^3（见2.6.1.1）。该提醒注意的是研磨体物料荷的加载应按利用函数编辑器和函数编辑器加载（见2.6.3.2）。因为磨体网格中，部分是自由网格，不能找出单元节点编号规律。在上述建模时，我们特意将筒体的研

89

磨体物料载荷加载区和非加载区分开。这样在使用函数加载器加载，定义表参数后，直接将载荷"Presure"，通过拾取或面编号加在加载区的面"area"上。加载区面编号如图2-88所示。另外应注意的是2.6.3.2中研磨体物料载荷作用于筒体压力表达式 $p = p_0 \times \left(-0.309 - \dfrac{y}{R_1} \right)$ 中的筒体内半径 $R_1 = 2.2\mathrm{m}$，相应于 $\phi 4.4\mathrm{m} \times 15\mathrm{m}$ 滑履磨，而这处理的是 $\phi 4.2\mathrm{m} \times 13\mathrm{m}$ 磨，这里 $R_1 = 2.1\mathrm{m}$。

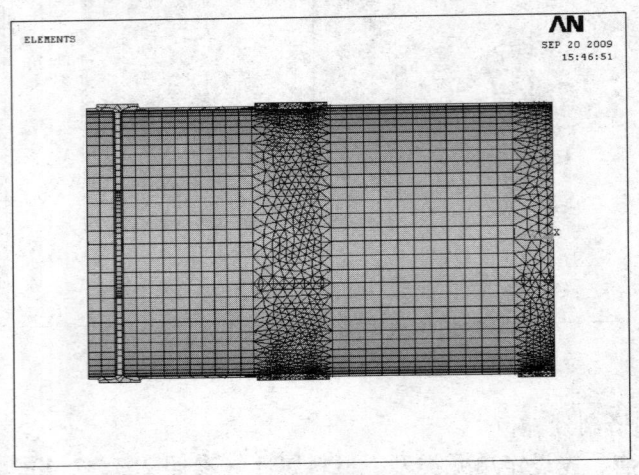

图2-87 磨体网格

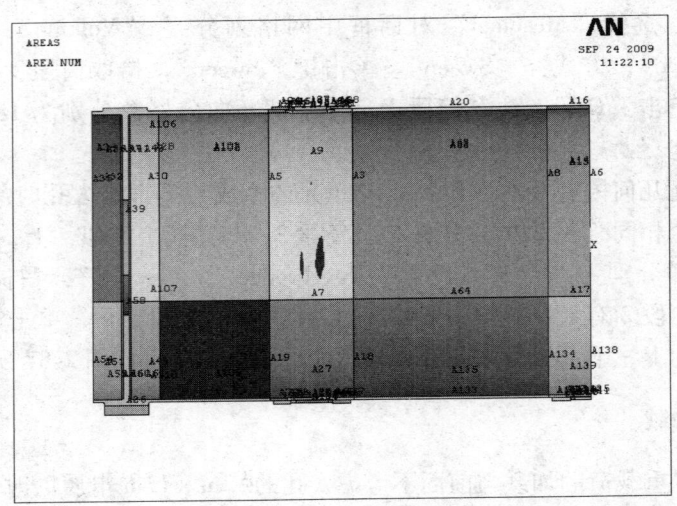

图2-88 加载面编号

整个模型边界约束条件的处理和计算求解同前。

2.11.4 计算结果

经后处理得磨体内外表面当量应力（图 2-89，图 2-90）。与前面没考虑磨门时当量应力图比较可看出，它们总体上应力分布特点仍然一致。不过在磨门区域显然局部应力较高。图 2-91，图 2-92 为跨距中点人孔处斜视的筒体局部放大内外表面当量应力图。整个磨体最大当量应力为 35.71MPa，发生在跨距中点磨门补强板圆角捌角处。图 2-91 为该区域当量应力分布局部放大。这里补强板起了很大作用，若没有补强板，应力将高得多。

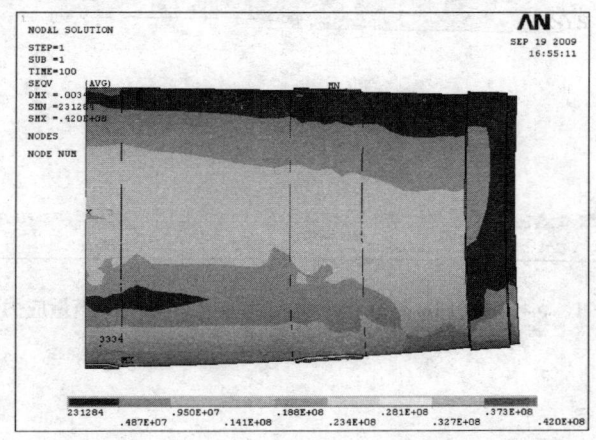

图 2-89　$\phi 4.2m \times 13m$ 滑履磨磨体外表面当量应力（考虑磨门）

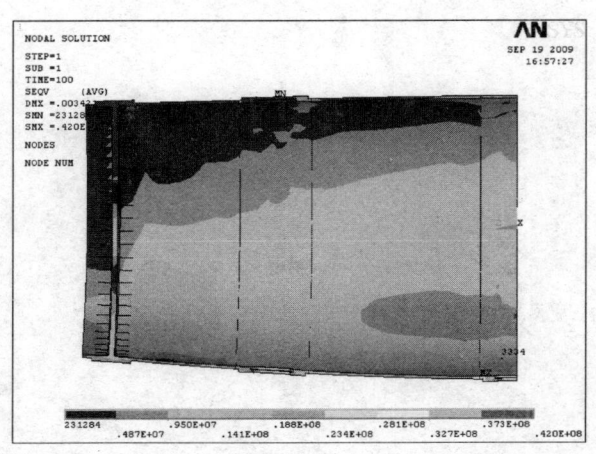

图 2-90　$\phi 4.2m \times 13m$ 滑履磨磨体内表面当量应力（考虑磨门）

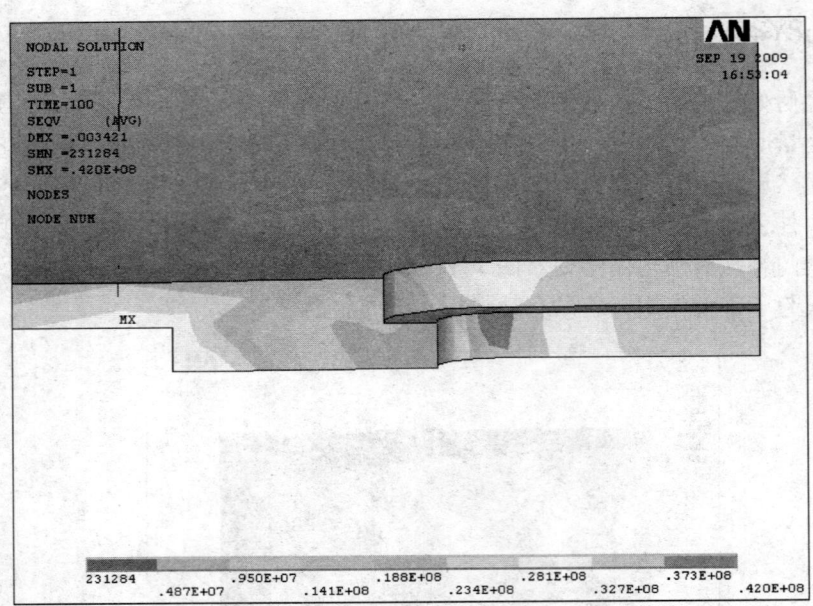

图 2-91 ϕ4.2m×13m 滑履磨磨体最大当量应力区域当量应力

第 3 章 中空轴磨的计算和分析

长期以来,特别是中小厂,中空轴磨一直得到广泛应用。这种磨与滑履磨比较起来,机械事故较多,很有必要进行深入的研究。为此,我们选择前面计算过的$\phi 4.2m \times 13m$滑履磨,将其改造设计,在基本参数(如直径,筒厚,跨距,载荷等)尽量保持不变的原则下,将其改造为平端盖中空轴磨和锥形端盖中空轴磨,作为计算磨分析它们的应力分布特点,并与滑履磨比较。特别通过实验计算,对中空轴磨结构参数对结构应力的影响进行探讨。

3.1 平端盖中空轴磨

3.1.1 改造的计算平端盖中空轴磨计算模型基本数据和计算

由$\phi 4.2m \times 13m$滑履磨改造的同规格平端盖中空轴磨$\frac{1}{4}$磨体计算模型主要尺寸见图3-1。研磨体装载量等载荷参数同$\phi 4.2m \times 13m$滑履磨。计算模型处理、网格划分、载荷、边界条件处理等均与前面$\phi 4.4m \times 15m$滑履磨和$\phi 4.2m \times 13m$滑履磨的处理相同,不再重复。这里出现的新问题是与滑履磨支承为轮带和两侧的滑履瓦不同,平端盖中空轴磨的支承靠与端盖法兰相连的中空轴。平端盖中空轴磨中空轴轴颈和下边有一个对称于过磨体中心轴线铅直面的120°的球形瓦,后者支承在与基础固定的球形座上。这里为简化计算,在计算模型中,将中空轴法兰与端盖的连接视为整体。对球形瓦的模拟,还是按前面对$\phi 4.2m \times 13m$滑履磨滑履瓦使用过的简化方法,即在中空轴轴颈和瓦间安置只受压的短杆Link10。这里同样忽略球形瓦外形细节,不考虑冷却水道,用一个从其最低部算起60°扇形圆柱瓦块代替(因对称只取原120°的一半)。我们将在瓦块外表面环向最低点轴向宽度中点安放限制三个方向位移的约束。这里代替的原则是瓦面尺寸不变,磨体、中空轴以及瓦块运动特点不变,刚度基本不变。我们设定的瓦块尺寸为瓦面半径$0.9m + 0.0015m$。这里$0.9m$是轴颈半径,$0.0015m$为Link10长度。瓦块宽度保持原瓦宽$0.845m$,厚度设为$0.3m$。计算模型瓦块弧面中心角60°位于中空轴轴颈下方。在计算模型中只有实际整个瓦块的一半。图3-2为计算模型网格图。

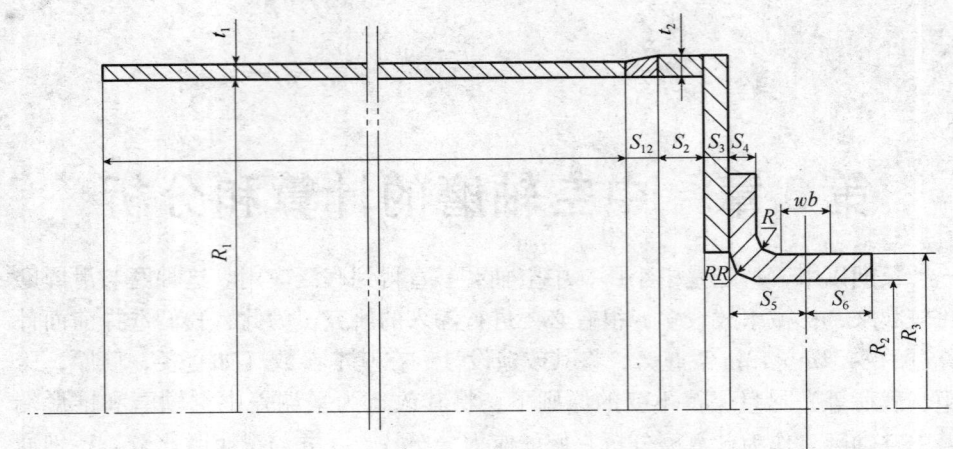

单位：m

S_1	S_2	S_{12}	S_3	S_4	S_5	S_6	wb	R_1
6.17	0.335	0.100	0.09	0.140	0.7625	0.7925	0.845	2.1
R_2	R_3	R	RR	t_1	t_2			
0.78	0.9	0.15	0.2	0.044	0.095			

wb——轴瓦宽度。

图 3-1 计算的中空轴磨 $\frac{1}{4}$ 磨体模型主要尺寸

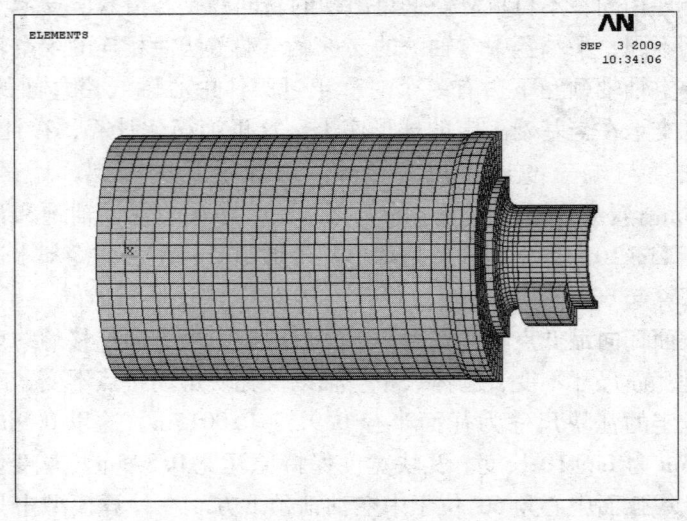

图 3-2 计算磨计算模型网格

3.1.2 平端盖中空轴磨计算结果和分析结论-平端盖磨与滑履磨应力分布特点比较

为更清晰地显示出中空轴磨的应力状态的特点，我们尝试从与滑履磨比较的角度讨论这个问题。与前面的分析相同，按结构和应力分布特点，我们在应力分析时采用圆柱坐标。我们还是把注意力集中在三个正应力，径向应力 S_x、环向应力 S_y、轴向应力 S_z 以及当量应力 S_{eqv} 上。当然跨间筒体部分 S_x 很小，对它的关注主要在支承部分。为展示计算结果，下面图 3-4 至图 3-9 和图 3-10 至图 3-15 分别给出了计算平端盖中空轴磨和 $\phi 4.2m \times 13m$ 滑履磨磨体内外表面当量应力云图、轴向应力云图、环向应力云图，以分析比较整个磨体特别是跨间筒体应力分布。另外还给出了两种磨沿磨体底部外表面母线路径的径向应力 S_x，环向应力 S_y，轴向应力 S_z 以及当量应力 S_{eqv} 四种应力变化曲线图（图3-16，图3-17）、和两种磨沿过跨距中点筒体横截面内外表面轮廓线路径四种应力的变化曲线。对中空轴磨，磨体底部外表面母线路径即为过磨体中心线纵剖面轮廓线的底部外表面部分，它从跨距中点 a 开始，经过 b、c、d、e、f，一直到中空轴外端 g ［图3-3 (a)］，实际上考虑的是我们已经处理为纵向左右对称的磨体的一半。这样，在一张图上可全面看到包括筒体、端盖、中空轴在内应力下的变化。该图的横坐标就是这条路径的抻直展开。类似地，对滑履磨，这里所说的磨体底部外表面母线路径是过磨体过中心线底部纵剖面轮廓线的底部部分。它从跨距中点 a 开始经过点 b、c、d、e、f、g、h、i、j、k，到筋板中心孔边缘 l ［图3-3 (b)］。而两种磨沿过跨距中点筒体横截面内外表面轮廓线路径是相同的，路径的横坐标起点、终点相应于筒体横截面的最高点和最低点。

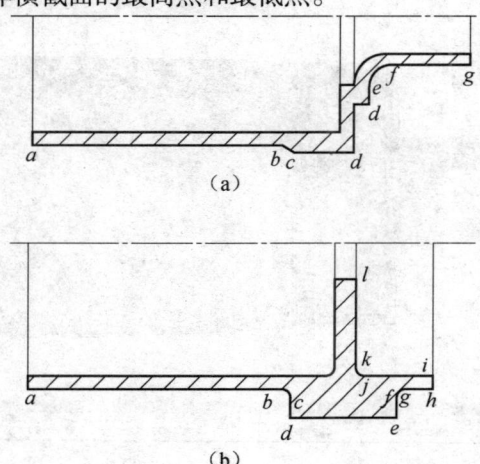

图 3-3 两种磨沿底部外表面母线应力路径图路径示意图
（a）平端盖中空轴磨磨体沿底部外表面母线应力路径；（b）滑履磨磨体沿底部外表面母线应力路径

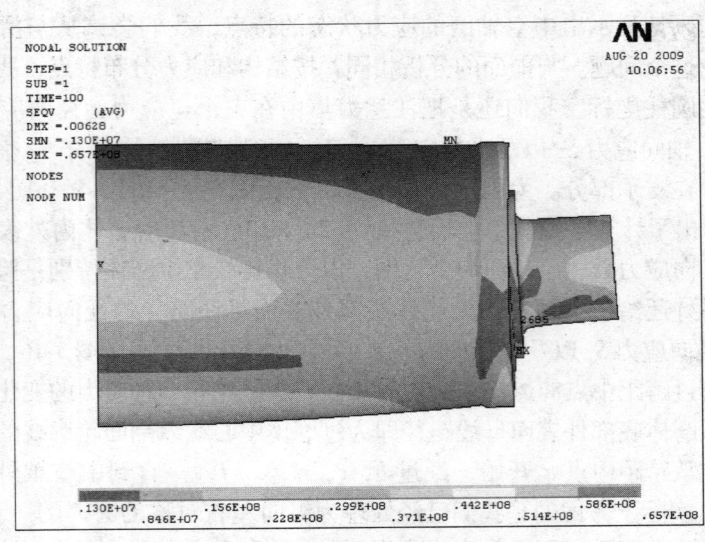

图 3-4 计算平端盖中空轴磨磨体外表面当量应力

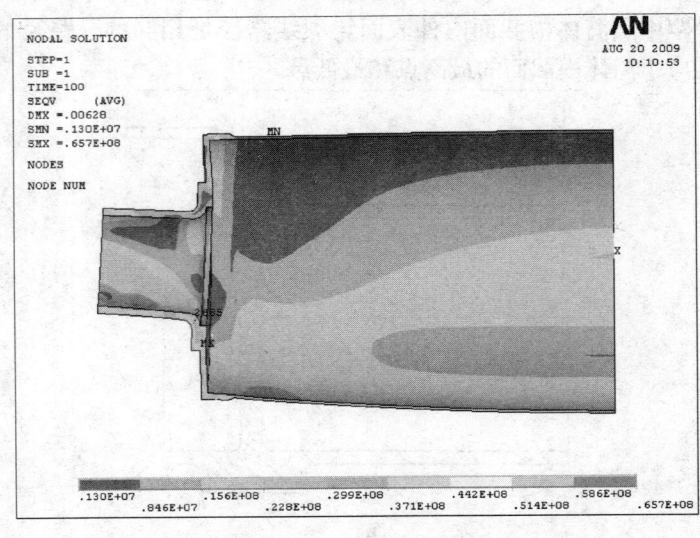

图 3-5 计算平端盖中空轴磨磨体内表面当量应力

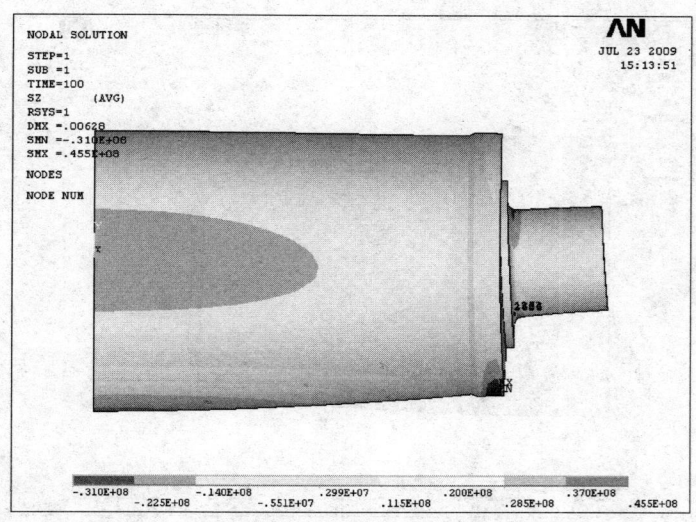

图 3-6　计算平端盖中空轴磨磨体外表面轴向应力

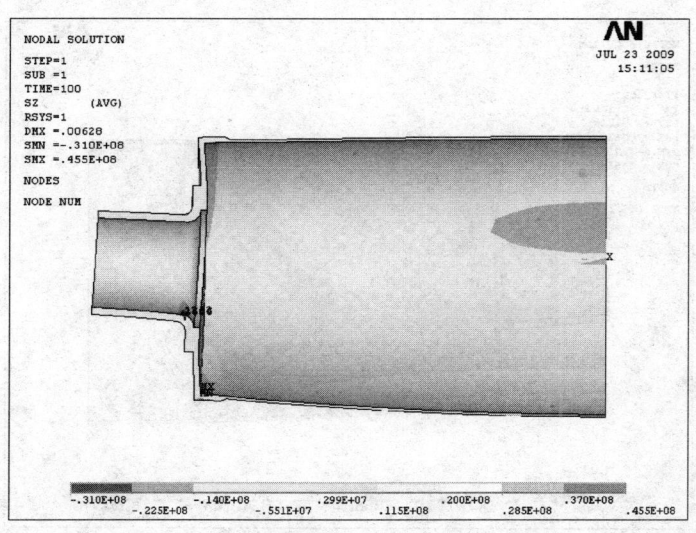

图 3-7　计算平端盖中空轴磨磨体内表轴向应力

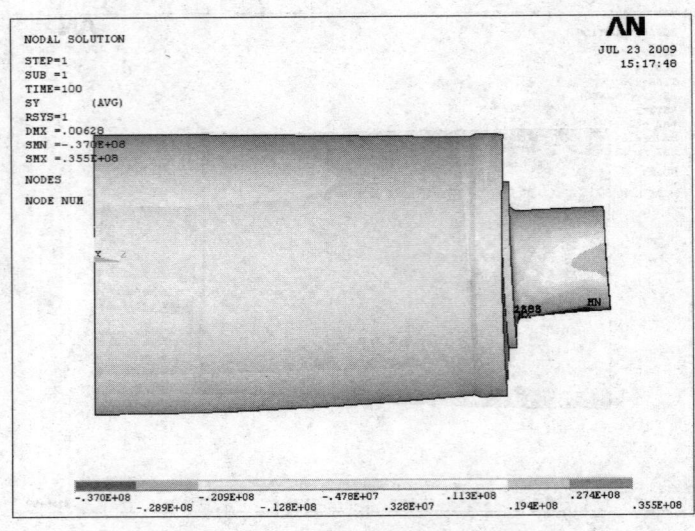

图 3-8　计算平端盖中空轴磨磨体内表环向应力

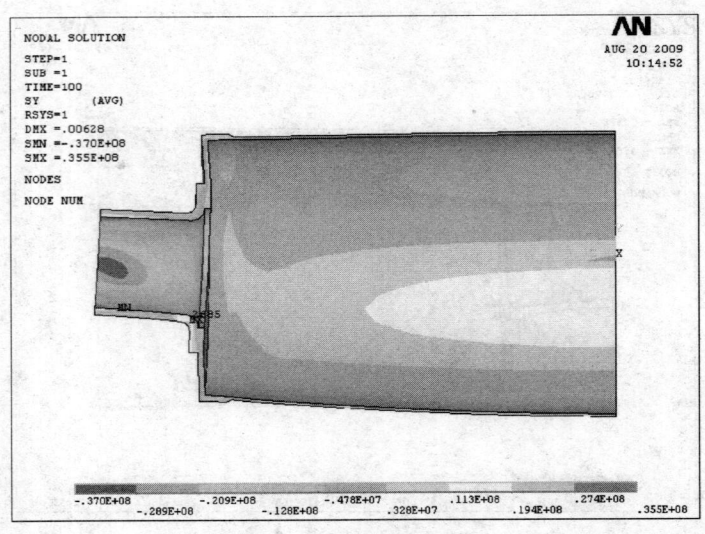

图 3-9　计算平端盖中空轴磨磨体内表环向应力

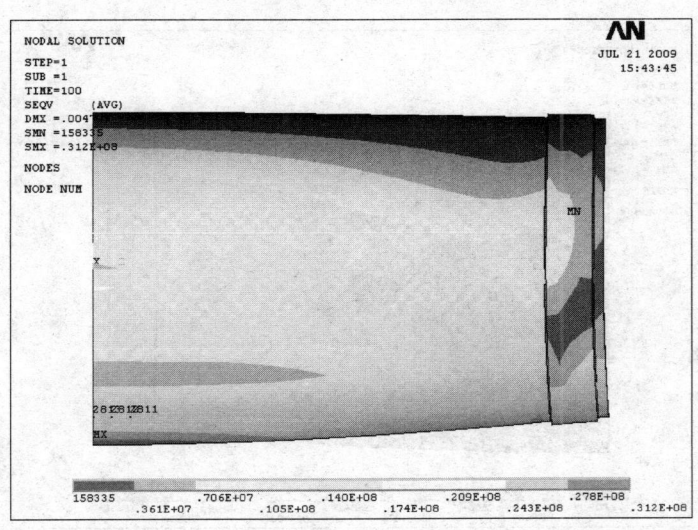

图 3-10 $\phi 4.2m \times 13m$ 滑履磨磨体外表面当量应力

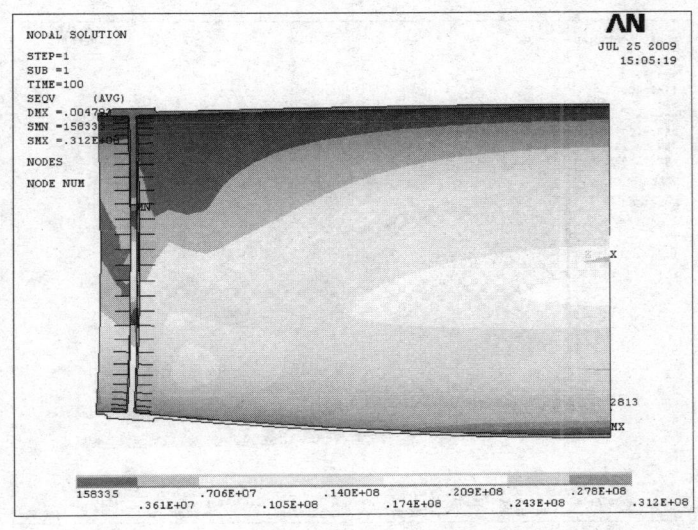

图 3-11 $\phi 4.2m \times 13m$ 滑履磨磨体内表面当量应力

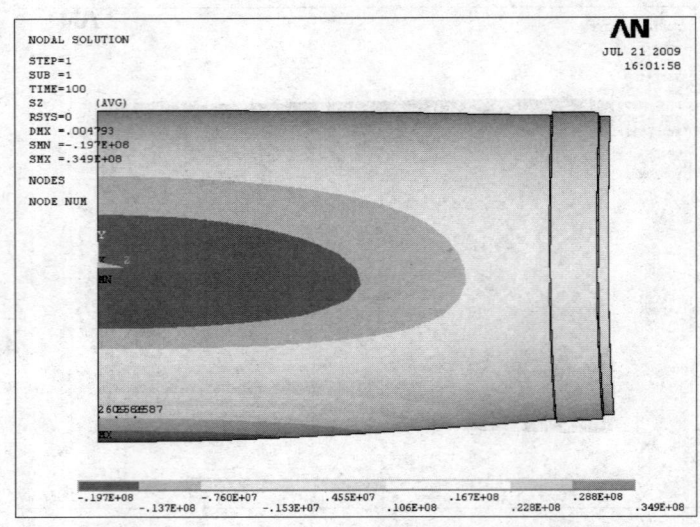

图 3-12 $\phi 4.2m \times 13m$ 滑履磨磨体外表面轴向应力

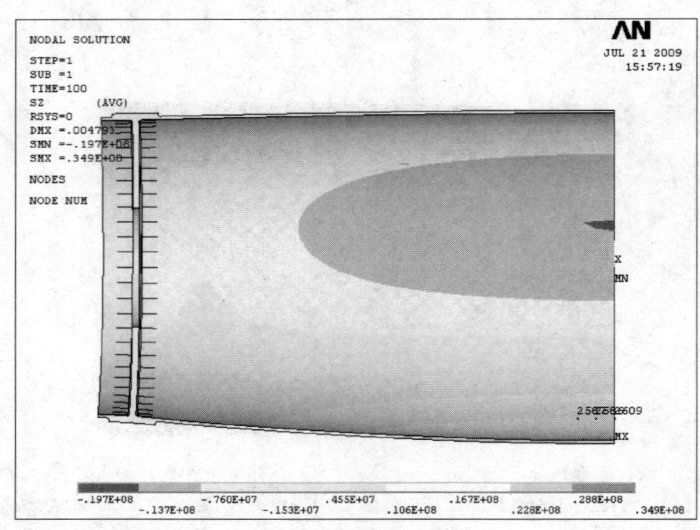

图 3-13 $\phi 4.2m \times 13m$ 滑履磨磨体内表面轴向应力

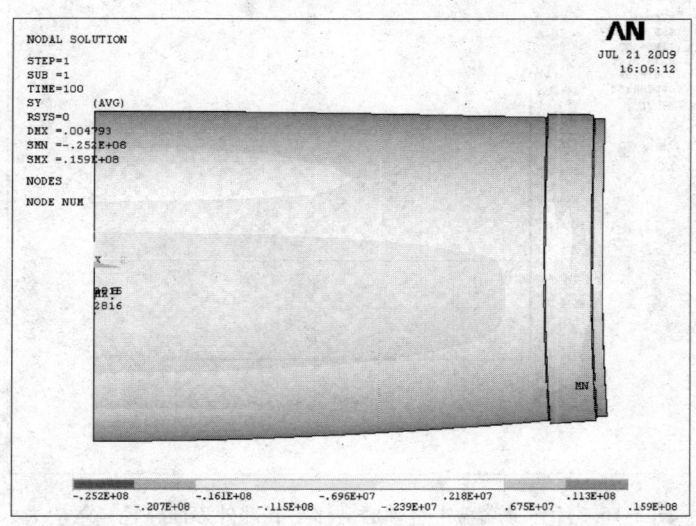

图 3-14　$\phi 4.2m \times 13m$ 滑履磨磨体外表面环向应力

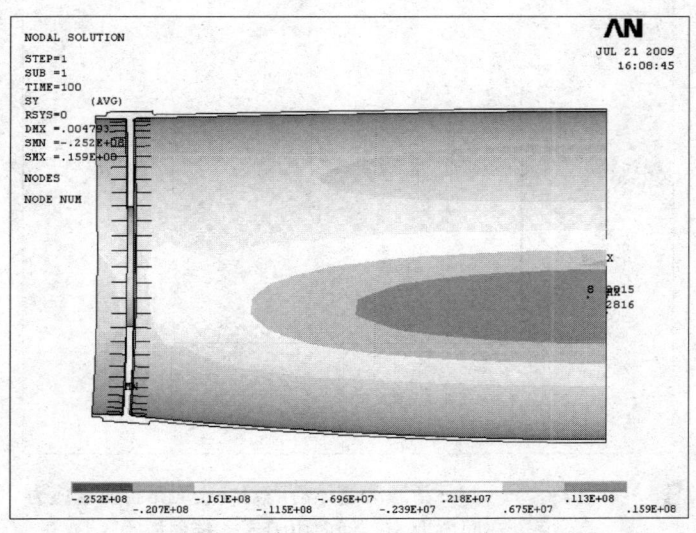

图 3-15　$\phi 4.2m \times 13m$ 滑履磨磨体内表面环向应力

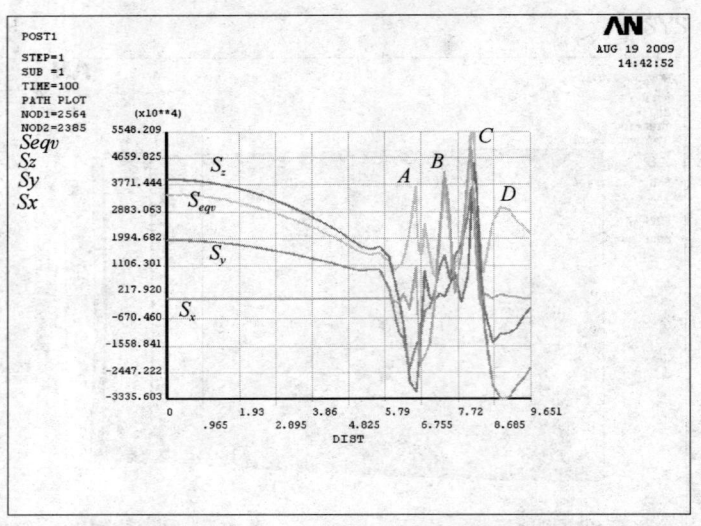

图 3-16　计算平端盖中空轴磨磨体沿底部外表面路径当量应力 S_{eqv}，环向应力 S_y，轴向应力 S_z，径向应力 S_x 的变化

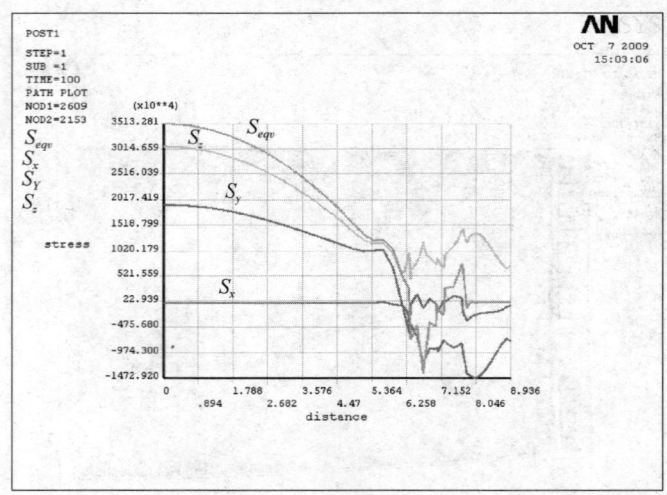

图 3-17　$\phi 4.2m \times 13m$ 滑履磨磨体沿底部外表面路径当量应力 S_{eqv}，环向应力 S_y，轴向应力 S_z，径向应力 S_x 变化

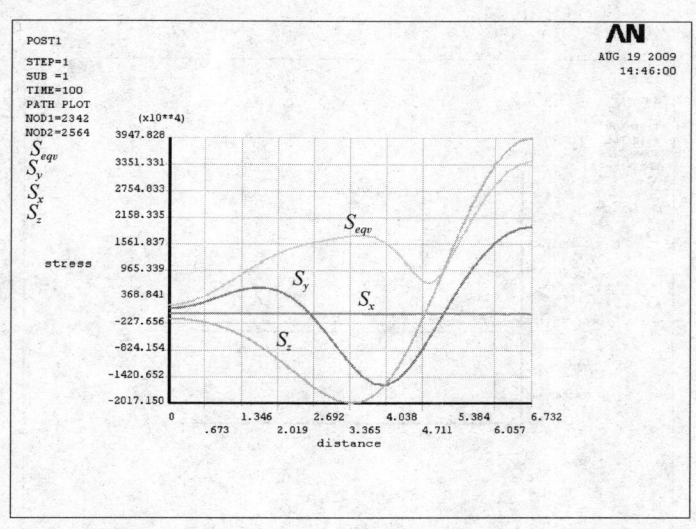

图 3-18　计算平端盖中空轴磨磨体沿过跨距中点筒体横截面外表面轮廓线路径
当量应力 S_{eqv}，环向应力 S_y，轴向应力 S_z，径向应力 S_x 的变化

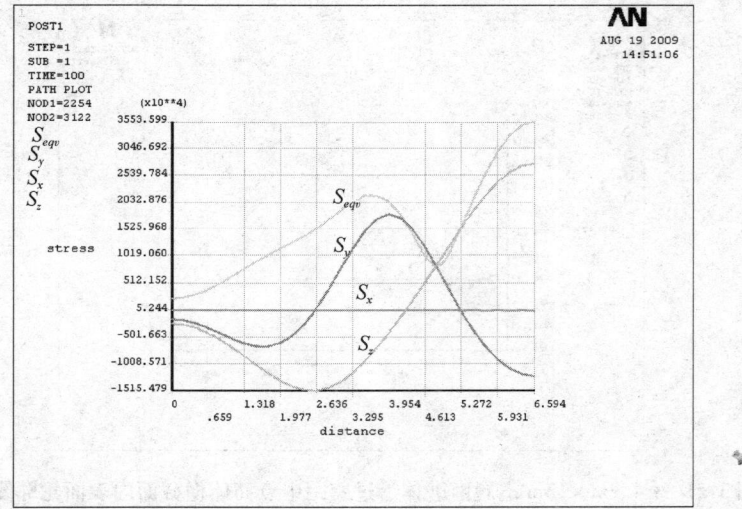

图 3-19　计算平端盖中空轴磨磨体沿过跨距中点筒体横截面内表面轮廓线路径
当量应力 S_{eqv}，环向应力 S_y，轴向应力 S_z，径向应力 S_x 的变化

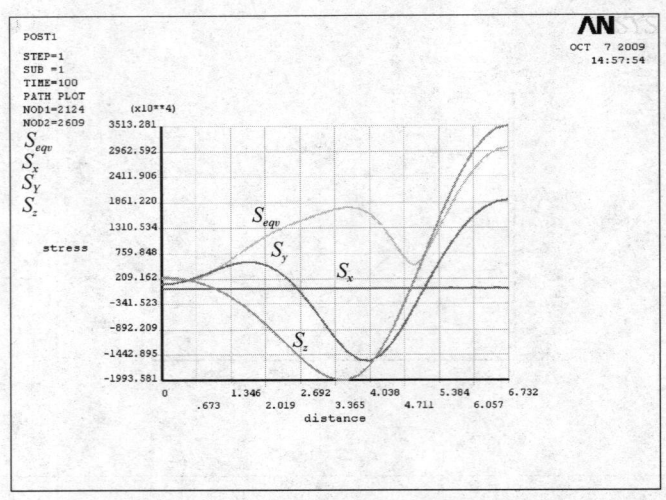

图 3-20　$\phi 4.2m \times 13m$ 滑履磨磨体沿过跨距中点筒体横截面外表面轮廓线路径当量应力 S_{eqv}，环向应力 S_y，轴向应力 S_z，径向应力 S_x 的变化

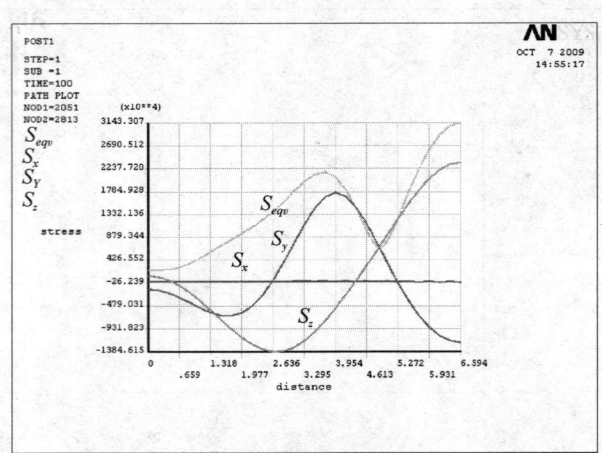

图 3-21　$\phi 4.2m \times 13m$ 滑履磨磨体沿过跨距中点筒体横截面内表面轮廓线路径当量应力 S_{eqv}，环向应力 S_y，轴向应力 S_z，径向应力 S_x 的变化

由上面图 3-16、图 3-17 曲线图看出，图中各曲线有一共同特点，开始一段曲线都光顺平滑，应力变化和缓。而后一段尖峰尽显，应力变化剧烈。仔细观察横坐标数值，不难看出，前边的光顺段区域，相应于磨体跨间筒体部分，后边曲线剧烈波动段相应于磨体支承部分。我们将对这两个区域的应力特点分别讨论。

1. 跨间筒体部分

由上面图 3-4 至图 3-9 平端盖中空轴磨云图，图 3-10 至图 3-15 滑履磨云图，图 3-16、图 3-17 应力路径图以及图 3-18 至图 3-21 路径图，并对照已详细讨论过的 $\phi 4.4\text{m} \times 15\text{m}$ 滑履磨的应力云图、路径图，证明两种磨在跨间筒体段径向应力 S_x、环向应力 S_y、轴向应力 S_z 以及最大当量应力 S_{eqv} 曲线的形状和变化特点几乎都完全一致。在数值上，对照同规格同载荷的 $\phi 4.2\text{m}$ 中空轴磨和滑履磨，径向应力都很小。最大环向应力，最大轴向应力已及最大当量应力（按绝对值）的比较见表 3-1。

表 3-1 两种磨跨间筒体最大环向应力，最大轴向应力以及最大当量应力的比较

应力 MPa，长度：m

	最大当量应力 $S_{eqv}\text{max}$	最大环向应力 $S_y\text{max}$	最大轴向应力 $S_z\text{max}$	跨距
$\phi 4.2\text{m} \times 13\text{m}$ 滑履磨	31.2 跨距中点横截面最低点	18.9 紧靠跨距中点横截面最低点	34.9 跨距中点横截面最低点	13.3
计算平端盖中空轴磨	35.5 跨距中点横截面最低点	19.5 跨距中点横截面最低点	39.5 跨距中点横截面最低点	15.2

从表 3-1 可知，两种磨的环向应力不但分布特点一致，而且在数值上也极为相近，其最大值分别为 18.9MPa 和 19.5MPa，位置也一致。

至于最大当量应力和轴向应力，两种磨分布特点一致，然而在数值上，差异明显。滑履磨的最大当量应力和轴向应力分别为 31.2MPa 和 34.9MPa，而中空轴磨者分别为 35.5MPa 和 39.5MPa。即这两种应力，中空轴磨明显大于滑履磨。从上面应力云图和路径图可看出，在两种磨的最大当量应力各组分中，轴向应力对当量应力做出了最主要贡献。而中空轴磨最大轴向应力与滑履磨最大轴向应力之比 39.5/34.9 = 1.13，基本与该两磨的跨距之比（2 × 7.5975）/（2 × 6.65）=1.14 吻合。这使我们有理由认为，轴向弯矩以至轴向应力对于跨距近似有比例关系，中空轴磨的跨距大导致它的轴向应力大，而

最大当量应力又主要取决于轴向应力,所以中空轴磨最大当量应力也明显大于滑履磨最大当量应力。

2. 支承部分

如上所述,沿磨体过中心线纵剖面低部外表面路径的应力变化曲线与光顺平滑的跨间筒体段不同,支承区多变化波动。这对两种磨是共同的,不同的是,对滑履磨,虽然在支承区也有应力波动,但相对跨间应力,数值上明显与跨间最大应力有一定差距。而中空轴磨,不但在支承区域多现应力尖峰,而且应力峰值也很高,反应出明显的应力集中现象。如图 3-16 中,当量应力曲线的尖峰 A,B,C,D 位置,分别相应于筒体与端盖连接拐角处、端盖与中空轴法兰外缘连接处、中空轴圆角处和中空轴轴颈支承支反力作用区。图 3-4 至图 3-9 的应力云图也显示了这些应力集中的情况。下面分别对 4 个应力集中区做进一步讨论。

(1) 筒体与端盖连接拐角区

图 3-22 是该区域当量应力云图。该处是筒体圆柱壳与端盖板的交界区,刚度不连续,引起应力集中。

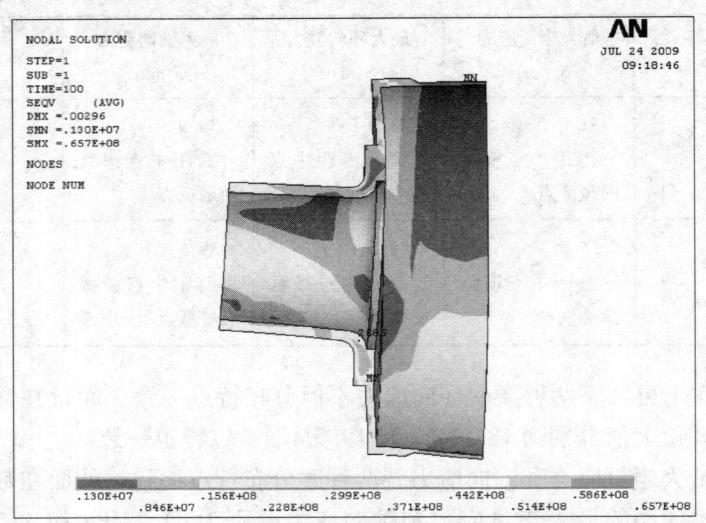

图 3-22 筒体与端盖连接拐角处应力尖峰区当量应力

该处最大当量应力:

表 3-2

NODE	S_{eqv}
3038	0.39640E+08 (位置如图 3-23 所示)

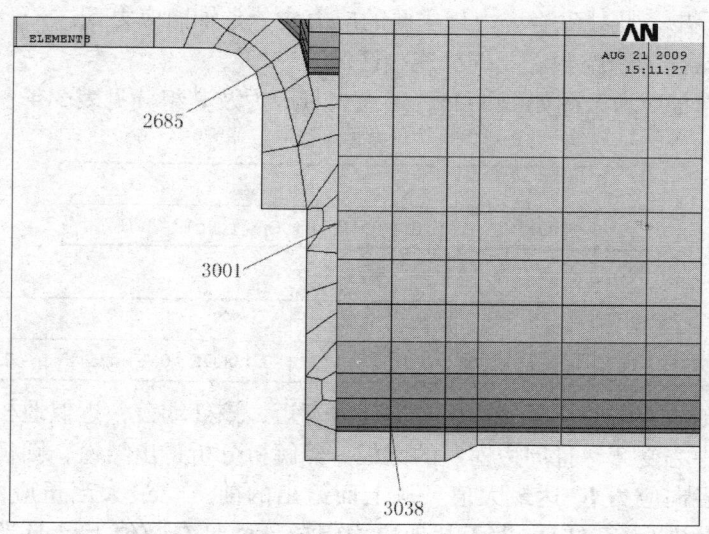

图 3-23 筒体与端盖连接拐角处应力尖峰区最大当量应力节点 3038，端盖与中空轴法兰外缘连接处当量应力节点 3001 和中空轴圆角区最大当量应力节点 2685 位置

应力组分为：

表 3-3

NODE	S_x	S_y	S_z	S_{xy}	S_{yz}	S_{xz}
3038	$-0.32867E+07$	$-0.71567E+07$	$0.34056E+08$	$-0.25713E+06$	$-0.41595E+06$	$-0.23540E+07$

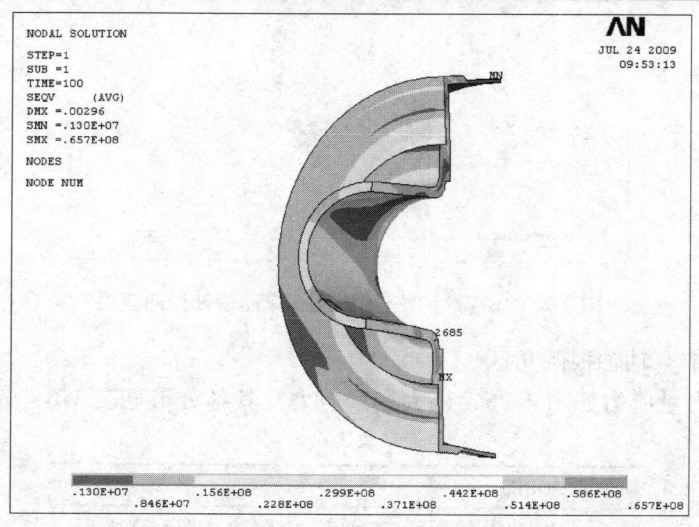

图 3-24 端盖与中空轴法兰外缘连接处当量应力

由此看出，此处尖峰应力最主要的应力成分是轴向应力 S_z。

（2）端盖与中空轴法兰外缘连接区域

该区当量应力云图如图 3-25，最大当量应力及其组分见表 3-4，表 3-5。

表 3-4

NODE	S_{eqv}
3001	0.46991E+08（位置如图 3-23 所示）

表 3-5

NODE	S_x	S_y	S_z	S_{xy}	S_{yz}	S_{xz}
3001	−0.45741E+08	−0.30693E+08	0.41599E+07	0.13809E+06	42644.	−0.89894E+07

中空轴法兰端盖交界处作用有支反力弯矩，该处端盖，近似地相当于中央有一刚性中心受弯、且周边固定的圆板。经解析分析得出结论，圆板在刚性中心周界处径向应力 S_x 达最大值。从上面给出的前三位最大当量应力组分看，在 6 个组分中，径向应力大于其他应力组分，而且在数值上已与当量应力相当。图 3-25 显示了这一特点，径向应力在中空轴法兰与端盖交界处出现该应力最大值，而且在结构外表面上边半部为外压内拉，下半部外拉内压，这与图中显示的变形是相应的。

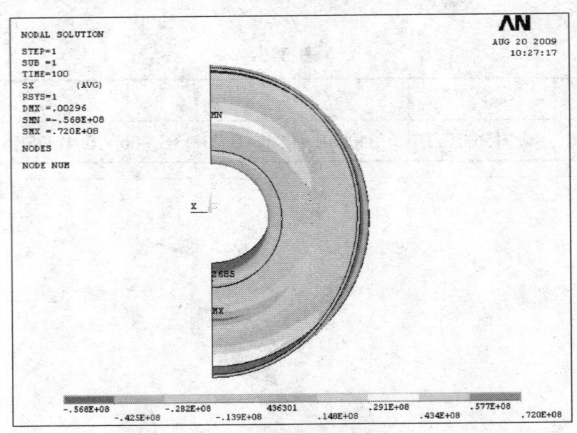

图 3-25　端盖与中空轴法兰外缘连接处径向应力

（3）中空轴轴根圆角区

该区当量应力如图 3-26，最大当量应力及其各分量见表 3-6，表 3-7。

表 3-6

NODE	S_{eqv}
2685	0.55482E+08（位置如图 3-23 所示）

表 3-7

NODE	S_x	S_y	S_z	S_{xy}	S_{yz}	S_{xz}
2685	0.50745E+08	0.35497E+08	0.27312E+08	−0.55028E+06	0.13891E+07	−0.29706E+08

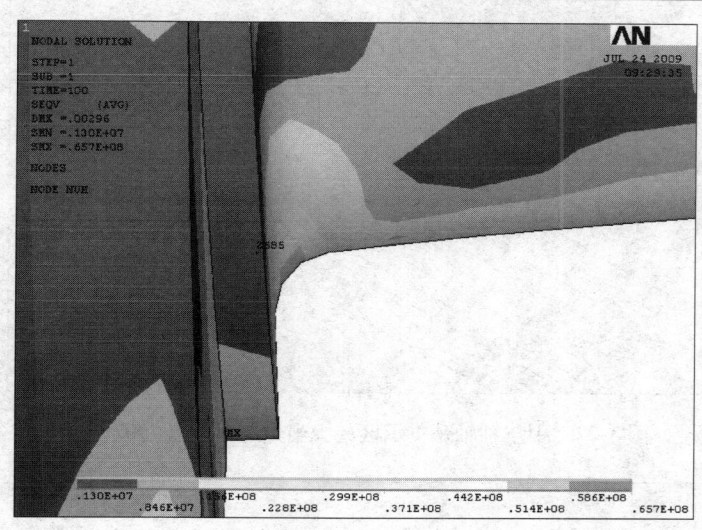

图 3-26　中空轴轴根圆角区当量应力

该区域是作为中空轴轴颈的空心圆柱与作为中空轴法兰的平板相交的过渡区，有刚度突变，使这里的径向应力 S_x，环向应力 S_y，轴向应力 S_z，以及剪应力 S_{xz} 都比较大。

（4）中空轴轴颈支承区

最大当量应力及其组分见表 3-8，表 3-9。

表 3-8

NODE	S_{eqv}
2902	0.40206E+08（位置如图 3-27 所示）

表 3-9

NODE	S_x	S_y	S_z	S_{xy}	S_{yz}	S_{xz}
2902	−0.23824E+08	0.16343E+08	0.10650E+08	56129.	−0.69493E+07	−0.42639E+07

从应力组分看，主要应力组分是环向应力 S_y，这说明这里可能有很大的环向变形引起的环向弯曲。观察该处内外表面环向应力图可看到，基本上，外表面是拉应力的地方，内表面是压应力，反之外表面是压应力的地方，内表面是拉应力，这是环向弯曲的表征（图 3-28，图 3-29）。从上面应力组分表可看出，轴向应力也很大。

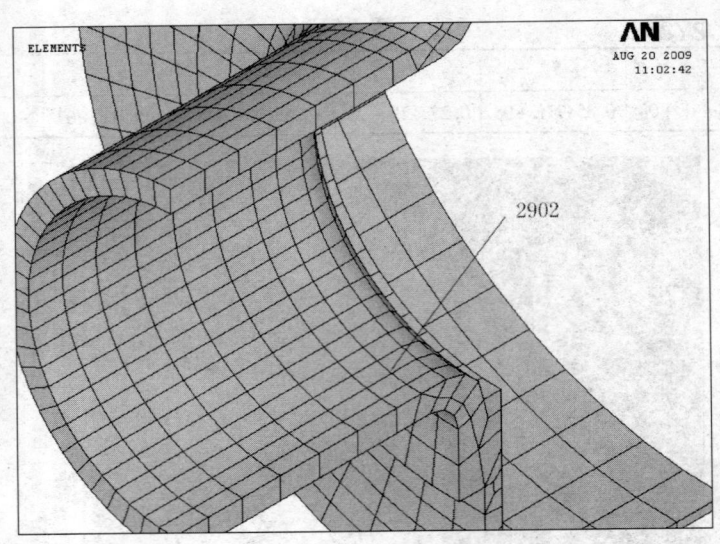

图 3-27 中空轴轴颈支承区最大当量应力节点 2902 位置

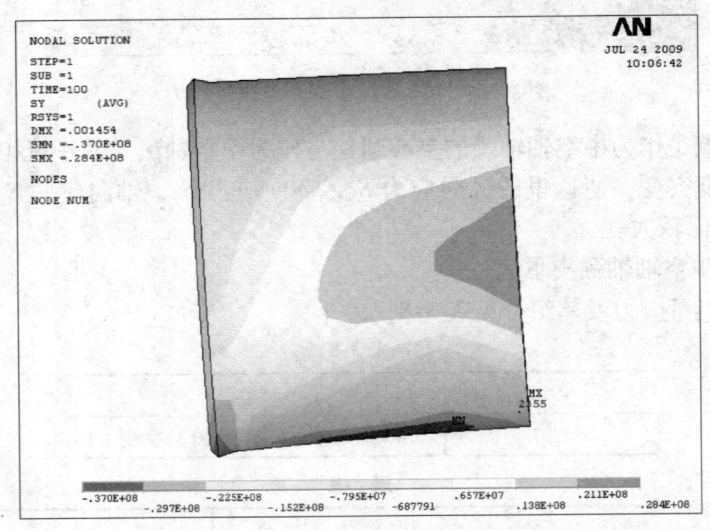

图 3-28 中空轴轴颈支承区外表面环向应力

在支承部分,中空轴磨高应力区应力高,远远超过同规格滑履磨。与中空轴磨相反,滑履磨应力水平低,基本没有应力集中。另外,中空轴磨的结构复杂和结构很容易出现制造缺欠的特点,使得它的可靠性大大降低,而滑履磨从结构上就避开了中空轴、端盖,采用简单的 "T" 形截面结构,有效地控制了结构应力,从根本上避免了中空轴磨的运转和制造上的弊病。而且,滑履磨在

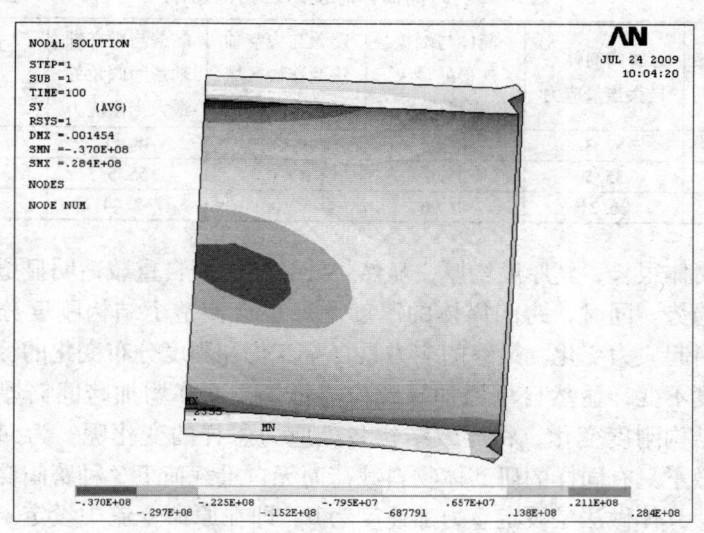

图 3-29 中空轴轴颈支承区内表面环向应力

两侧的支承相互独立，使磨体运转中出现的轮带有径向和轴向偏摆问题、制造误差问题以及变形等问题可以得到更好的补偿，这样可以防止过载。而中空轴磨不能很好地解决这个问题。另外，滑履磨结构紧凑，可充分利用进出口最大截面通风散热，降低出口风速，避免不合理颗粒带入收尘器，但这并不是说滑履磨一切都好。虽然从强度角度讲，滑履磨的应力状态大有改善，但它的轮芯直径很大，在应用中还要特别关注它的刚度问题。同时它的结构特点也给制造、安装和运输带来一些问题。

3.1.3 结构参数对应力的影响

我们仍以 3.1.1 中给出的计算磨结构参数为准，以跨间筒体厚度、补强板厚度、端盖厚度、端盖中空轴轴颈间圆角半径、中空轴轴颈厚度 5 个参数为研究对象，依次取其中一个为实验计算变量，其余 4 个以及所有其他参数不变进行实验计算，看其对整个磨体几个应力高峰区应力的影响。

1. 跨间筒体厚度的影响

分别设定跨间筒体厚度 t_1 为 30mm，44mm，60mm，保持补强板厚度 t_2 = 95mm，端盖厚度 S_3 = 95mm，端盖与中空轴轴颈间圆角半径 R = 0.15m，RR = 0.2m，中空轴轴颈内外半径 R_3 = 0.78m，R_2 = 0.9m，其他参数不变。实验计算结果见表 3-10。

表 3-10　跨间筒体厚度对应力的影响　　　　　　　　　单位：MPa

跨间筒体厚度 （mm）	跨间筒体 最大当量应力	筒体与端盖 连接处最大 当量应力	端盖与中空轴 法兰连接区域 最大当量应力	端盖与中空轴 轴颈间圆角处 最大当量应力	中空轴轴颈支 反力作用区应力
30	57.3	40.03	38.73	48.11	37.13
44	35.5	39.6	47.0	55.5	40.2
60	26.21	40.96	55.06	62.44	43.86

跨间筒体很长，其厚度增厚，显然将导致结构因自重载荷明显增加引起的应力增加趋势。同时，跨间筒体的厚度增加也会使整个结构刚度分布发生变化，并将引起应力变化。最终的应力是自重变化和刚度分布变化的综合作用结果。若刚度不变，显然自重增加导致应力增加。而在增加跨间筒厚时自重不变，只是结构刚度变化，将导致结构各处应力怎样的变化呢？为回答这个问题，我们做了只有同样的研磨体物料载荷而无自重载荷下 3 种跨间筒厚的补充实验计算。具体做法是设定重力加速度为 0。即在原命令流中设定 y 方向重力加速度"ACEL,9.8,"语句中的"9.8"改为"0"。或在 GUI 模式下，求解前在命令窗口输入"ACEL,"。计算结果见表 3-11。

表 3-11　只有研磨体物料载荷而无自重载荷下跨间筒体厚度对应力的影响

单位：MPa

跨间筒体厚度 （mm）	跨间筒体 最大当量应力	筒体与端盖 连接处最大 当量应力	端盖与中空轴 法兰连接区域 最大当量应力	端盖与中空轴 轴颈间圆角处 最大当量应力	中空轴轴颈支 反力作用区应力
30	45.5	28.89	27.42	27.06	21.71
44	30.38	25.61	24.80	29.23	21.52
60	26.21	23.24	25.75	30.46	21.41

2. 筒体与端盖连接处补强板厚度的影响

分别设定补强板厚度 t_2 为 44mm，70mm，95mm，保持端盖厚度 S_3 = 95mm，端盖与中空轴轴颈间圆角半径 $R=0.15$m，$RR=0.2$m，中空轴轴颈内外半径 $R_3=0.78$m，$R_2=0.9$m，其他参数不变。实验计算结果见表 3-12。

表 3-12　筒体与端盖连接处补强板厚度的影响　　　　　单位：MPa

补强板厚度 （mm）	跨间筒体 最大当量应力	筒体与端盖 连接处最大 当量应力	端盖与中空轴 法兰连接区域 最大当量应力	端盖与中空轴 轴颈间圆角处 最大当量应力	中空轴轴颈支 反力作用区应力
44	35.8	54.4	58.6	52.1	39.7
70	35.7	48.4	51.4	55.2	39.9
95	35.5	39.6	47.0	55.5	40.2

3. 端盖厚度的影响

分别设定端盖厚度 S_3 为 60mm,95mm,120mm,保持筒体补强板厚度 $S_3=95$mm,端盖与中空轴轴颈间圆角半径 $R=0.15$m,$RR=0.2$m,中空轴轴颈内外半径 $R_3=0.78$m,$R_2=0.9$m,其他参数不变。实验计算结果见表3-13。

表3-13 端盖厚度的影响　　　　　　　　　　单位：MPa

补强板厚度（mm）	跨间筒体最大当量应力	筒体与端盖连接处最大当量应力	端盖与中空轴法兰连接区域最大当量应力	端盖与中空轴轴颈间圆角处最大当量应力	中空轴轴颈支反力作用区应力
60	35.5	42.7	88.8	56.0	38.4
95	35.5	39.6	47.0	55.5	40.2
120	35.5	37.9	31.9	54.9	42.1

4. 端盖与中空轴轴颈间圆角半径 R、RR 的影响

设定端盖与中空轴轴颈间圆角半径 R、RR 值,分别为 0.1m 和 0.15m,0.15m 和 0.2m,0.2m 和 0.25m,保持补强板厚度为 95mm,端盖厚度 $S_3=95$mm,中空轴轴颈内外半径 $R_3=0.78$m,$R_2=0.9$m 以及其余所有参数不变。实验计算结果见表3-14。

表3-14 圆角半径 R、RR 的影响　　　　　　单位：MPa

端盖与中空轴轴颈间圆角半径 R,RR（m）	跨间筒体最大当量应力	筒体与端盖连接处最大当量应力	端盖与中空轴法兰连接区域最大当量应力	端盖与中空轴轴颈间圆角处最大当量应力	中空轴轴颈支反力作用区应力
0.1,0.15	35.5	40.1	47.1	63.3	38.7
0.15,0.2	35.5	39.6	47.0	55.5	40.2
0.2,0.25	35.6	39.6	43.3	36.5	37.5

5. 中空轴轴颈厚度的影响

中空轴轴颈厚度是通过其内外半径确定的。分别设定3对中空轴轴颈内外半径 R_3、R_4,0.83m 和 0.9m,0.78m 和 0.9m,0.74m 和 0.9m,保持筒体补强板厚度 $t_2=95$mm,端盖厚度 S_3 为 95mm,端盖与中空轴轴颈间圆角半径 $R=0.15$m,$RR=0.2$m,其他参数不变。实验计算结果见表3-15。

表 3-15　中空轴轴颈厚度的影响实验计算结果　　　　单位：MPa

中空轴轴颈内外半径 R_3, R_4 (m)	跨间筒体最大当量应力	筒体与端盖连接处最大当量应力	端盖与中空轴法兰连接区域最大当量应力	端盖与中空轴轴颈间圆角处最大当量应力	中空轴轴颈支反力作用区应力
0.83, 0.9	35.8	42.3	45.8	74.1	57.5
0.78, 0.9	35.5	39.6	47.0	55.5	40.2
0.74, 0.9	35.4	38.3	44.9	39.3	29.7

由以上实验计算可以得出以下结论：

(1) 由表 3-11 可知，同样的研磨体物料载荷无自重下跨间筒厚增厚，直接导致跨距中点最大当量的应力下降，对支承部分，在筒体与端盖连接处，因跨间筒体增厚，该处结构刚度变化变缓，应力集中下降；而对支承区域其他 3 个应力峰值区应力影响不大，而且越远离跨距中点，影响越小，所以在实际载荷下，虽然跨间筒厚增厚有使各处应力增大的趋势，但对跨间筒体应力而言，因筒体增厚引起该处结构刚度上升占主导地位，使跨距中点最大当量的应力明显下降。而与此同时，对筒体与端盖连接处的应力，因跨间筒厚增加而刚度变缓应力集中下降的趋势不占上风，应力还是上升，但上升的幅度不太大。而支承处的另外几个应力峰值区应力随跨间筒厚增加而增加比较明显。

(2) 筒体与端盖连接处的补强板加厚对抑制该处的应力尖峰至关重要。实验计算 2 中当补强板厚 44mm（即该处筒体厚度等于跨间筒体厚度，实际上相当于没有补强板）时，筒体与端盖连接处最大当量应力达 54.4MPa。而补强板厚度为 95mm 时，这个应力降至 39.6MPa。另外，补强板加厚，也在一定程度上缓和了端盖与中空轴法兰连接区域的尖峰应力。如实验计算 2 中，没有筒体补强板，该区域度最大当量应力达 58.6MPa。而加上 95mm 厚的补强板后，该区域最大当量应力降至 47.0MPa。

实际生产经验也证明了这样的论断。在 20 世纪 80 年代前，人们对过渡板缺乏足够认识时，不少磨机筒体设计成通长等厚、没有过渡板的结构，并认为这样的结构、强度没问题。因为很长时间里，人们只把磨体看作梁，认为最大应力在跨距中央，而筒体与端盖拐角处应力很小。然而，该处出现裂纹的情况时有发生。1991 年 7 月，天津水泥厂一台 ϕ3m×9m 管磨机在筒体与端盖连接拐角处出现 8 处约 200mm 长的裂纹，端盖与补强板结合处也严重开裂。为协助分析，在国外资料的启发下，我们用大连工学院的 DDJ 软件进行该磨有限元应力分析。计算结果明确指出该处的筒体与端盖拐角处的应力集中，并证明了该处增设过渡板的必要性，对该处发生破坏的原因给出了令人信服的解释。实践证明了这个分析是正确的。从此人们对磨体的应力分布认识有了较大的提高，认清了过渡板的作用，类似故障再未发生。

筒体补强板对其他峰值应力影响不大。

（3）端盖加厚可减小端盖与中空轴法兰连接区域的尖峰应力。实验计算3 中，端盖厚 60mm 时，该区域最大当量应力 88.8MPa，端盖 120mm 时，降至 31.9MPa。而且，筒体与端盖连接处的最大当量应力也从 42.7MPa 降至 37.9MPa。这说明厚的端盖也有利于减小筒体与端盖连接区域的应力尖峰。

（4）从实验计算 4 看出，加大端盖和中空轴轴颈间的圆角半径，缓和了该处刚度过渡，应力峰值降低。

（5）中空轴轴颈加厚，一般必然使端盖和中空轴轴颈间圆角处结构加厚，使这两处应力水平降低。

（6）从上面实验计算 1～5 看出，当各支承区域结构参数变化时，跨间筒体最大当量应力始终是 35.5MPa 或比 35.5MPa 稍大，位置也都发生在过筒体跨距中点横截面最底部。这说明支承区结构参数基本上与跨间筒体最大应力无关。

3.2 锥形端盖中空轴磨

多年来，出于制造、安装、运输和运转可靠性方面的考虑，锥形端盖磨机也是一种常见的选择。对于锥形端盖磨机结构，特别是中空轴与端盖的连接方式、端盖与筒体的连接方式，人们从未终止过对其进行研究和探索，并设计出多种各具特色的结构，但很难有一种典型结构既能体现结构细节又有代表性。所以计算分析锥形端盖磨模型时，我们忽略了结构细节的描绘，注重端盖为非等壁厚的锥形，将中空轴、端盖、筒体处理为一体，使计算模型大大简化。计算模型仍用简单圆柱瓦块代替实际球形瓦，其间用 Link10 连接磨体中空轴颈和瓦块。我们将前边分析过的 ϕ4.2m 平端盖中空轴磨改造成同规格、同载荷的锥形端盖中空轴磨，作为计算磨，进行计算分析，得出其应力状态特点，最后重点还是通过实验计算讨论结构参数对应力的影响。

3.2.1 计算锥形端盖磨计算模型基本数据

磨体的圆柱部分与平端盖 ϕ4.2m 中空轴磨完全相同，在端盖、中空轴部分做了些调整。磨体的 $\frac{1}{4}$ 结构模型简图如图 3-30 所示。

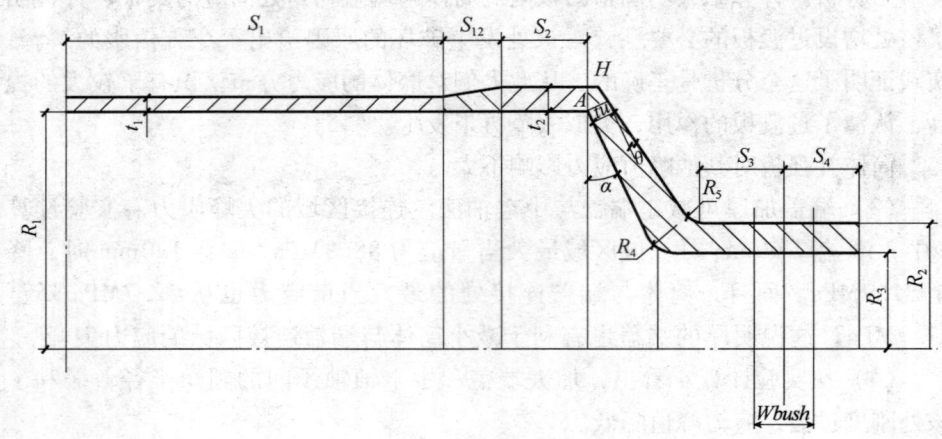

单位：m

S_1	S_{12}	S_2	S_3	S_4	t_1	t_2	T_u	R_1	R_2
6.17	0.1	0.435	0.7625	0.7925	0.044	0.044	0.095	2.1	0.9

R_3	R_4	R_5	α	θ	Wbush
0.72	0.2	0.15	5	4	0.845

注：1. α—端盖内表面母线半锥角（°），θ—端盖外表面母线与内表面母线间夹角（°）。
2. Wbush—瓦宽。

图 3-30　计算锥形端盖磨磨体 $\frac{1}{4}$ 结构模型简图

研磨体物料载荷同普通 ϕ 4.2m 中空轴磨。当量密度同样取 19041kg/m³。

3.2.2　锥形端盖磨计算模型的建立，载荷和边界条件处理

模型建立、施加载荷和边界条件、求解等处理方法，与前面介绍基本相同。这里整个计算过程都是用参数化编写命令流的方法进行的。与前面计算不同的是，由结构上的锥形端盖带来的与平端盖时不同的几何关系。图 3-30 表示了磨体模型上半部过中心轴线纵截面。确定了该截面，就可以通过该面绕磨体中心轴线扫掠，生成磨体模型，其中关键是建立磨体上半部过磨体中心轴线的纵截面。该截面轮廓线与前面 ϕ 4.2m 平端盖中空轴磨不同的是端盖外表面部分和圆角 HEPQ 还有端盖内表面部分和圆角 AWV（图 3-31）。图 3-31（b），(c) 中表示了端盖在坐标中的位置。注意这里的图形是没考虑实际尺寸的示意图。O' 是圆角 PQ 的中心，位置为距线 HP 为圆角半径 R_5 的直线 $O'M$ 和距中空轴轴颈顶部外表面母线也为圆角半径 R_5 的直线线交点 [图 3-31（b）]。O''

是圆角 WV 中心，是距 AW 线 R_4 和距中空轴轴颈孔顶部内表面母线 R_4 的直线交点。T，N，M 分别为端盖内表面轮廓线延长线，外表面轮廓线延长线和 $O'M$ 线与纵轴 $Z=0$ 线交点。由图 3-30、图 3-31 可知，点 A，E 的坐标为：

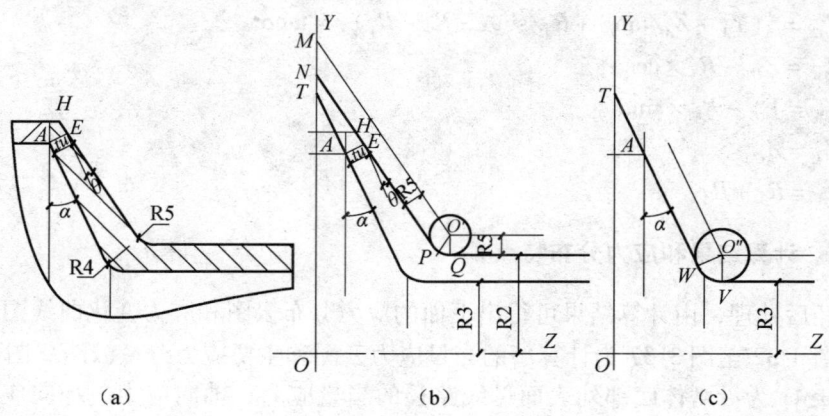

图 3-31　外表面部分端盖几何参数间的关系

$Z_A = S_1 + S_2$
$Y_A = R_1$
$Z_E = Z_A + TU \times \cos\alpha$
$Y_E = R1 + TU \times \sin\alpha$

由图，容易看出如下关系，
$ON = Y_E + Z_E / \tan(\alpha + \theta)$
$ON + R_5 / \sin(\alpha + \theta) = R_2 + R_5 + Z_{O'} / \tan(\alpha + \theta)$
$Z_{O'} = [ON + R_5 / \sin(\alpha + \theta) - R_2 - R_5] \times \tan(\alpha + \theta)$

由上式得出圆角 R_5 中心 O' 的 Z 坐标。点 P，Q 的坐标为：
$Z_P = Z_{O'} - R_5 \times \sin(\alpha + \theta)$
$Y_P = Y_{O'} - R_5 \times \cos(\alpha + \theta)$
$Z_Q = Z_{O'}$
$Y_Q = R_2$

端盖轮廓线与磨体圆筒部分顶部母线交点 H 的坐标
$Y_H = R_1 + t_2$
$ON = Y_H + Z_H / \tan(\alpha + \theta)$
$Z_H = (ON - Y_H) \times \tan(\alpha + \theta)$

至此，控制端盖外表面轮廓线及其圆角的关键点 H，P，Q 的坐标以及圆角 R_5 中心坐标均已得到。至于端盖内表面轮廓线的 A 点坐标已经给出。圆角 R_5 中心 O'' 坐标，内表面轮廓线与圆角 R_4 的切点 W 和中空轴内表面顶部母线

与圆角 R_4 的切点 V 的坐标，也可以用类似方法得到：

$Y_{O''} = R_3 + R_4$

$Y_A + Z_A/\tan\alpha + R_4/\sin\alpha = R_3 + R_4 + Z_{O''}/\tan\alpha$

$Z_{O''} = (Y_A + Z_A/\tan\alpha + R_4/\sin\alpha - R_3 - R_4) \times \tan\alpha$

$Z_W = Z_{O''} - R_4 \times \cos\alpha$

$Y_W = Y_{O''} - R_4 \times \sin\alpha$

$Z_V = Z_{O''}$

$Y_V = R_3 + R_4$

3.2.3 计算结果和应力分布特点

经后处理，由计算结果可得出下面的应力分布云图和应力变化曲线图：

图 3-32 至图 3-37 为计算磨的当量应力云图和主要应力分量云图。图 3-38 至图 3-41 为沿磨体底部外表面母线路径的当量应力、轴向应力、环向应力和径向应力分布图（圆柱坐标）。路径图横坐标最左端表示磨体跨距中点，其最右端为磨体最外端。从这些图可看出锥形端盖磨与一般（平端盖）中空轴磨基本上还是一致的。跨间筒体在跨距中点出现最大当量应力。而在支承部分，由于中空轴与端盖间、端盖与筒体间结构刚度的突然变化的过渡区域以及中空轴轴颈处支反力作用区域出现应力尖峰。路径图中标出的 A，B，C 分别表示这些应力尖峰。而且这些应力尖峰在数值上往往超过筒体跨距中点最大应力。这从下面的结构局部当量云图中看得更清楚。

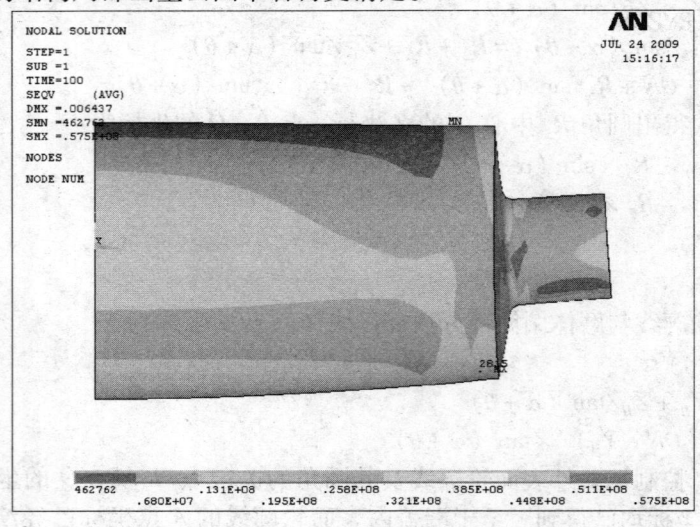

图 3-32 计算锥形端盖磨磨体外表面当量应力

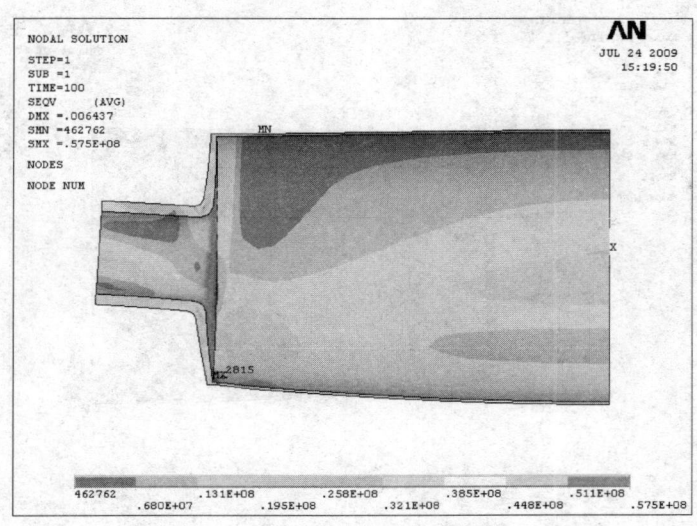

图 3-33 计算锥形端盖磨磨体内表面当量应力

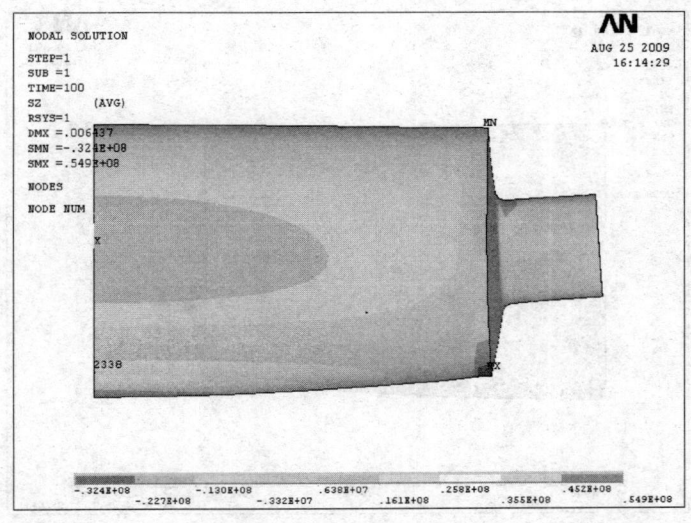

图 3-34 计算锥形端盖磨磨体外表面轴向应力

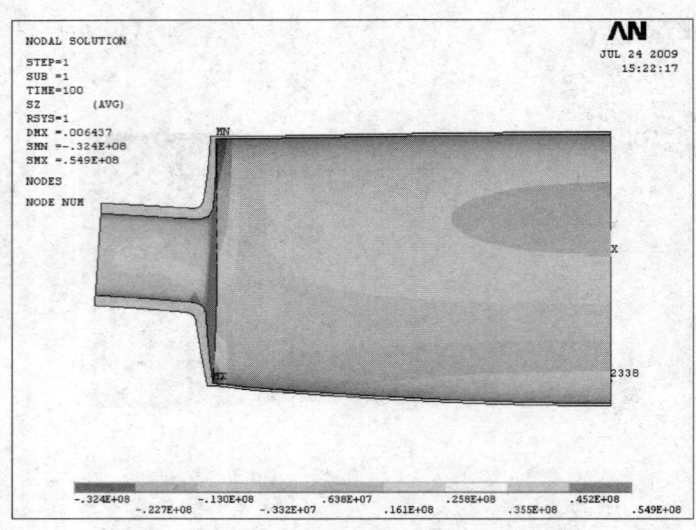

图 3-35　计算锥形端盖磨磨体内表面轴向应力

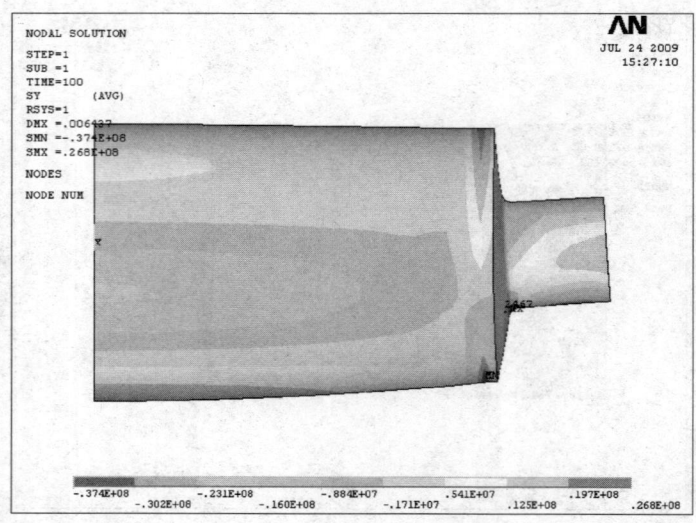

图 3-36　计算锥形端盖磨磨体外表面环向应力

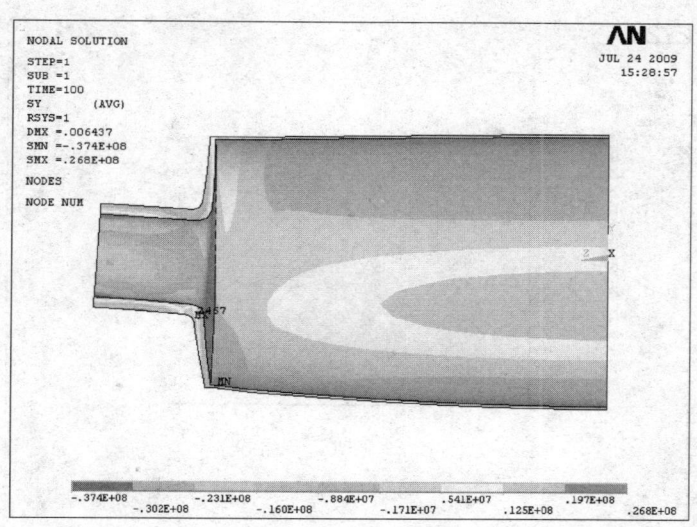

图 3-37 计算锥形端盖磨磨体内表面环向应力

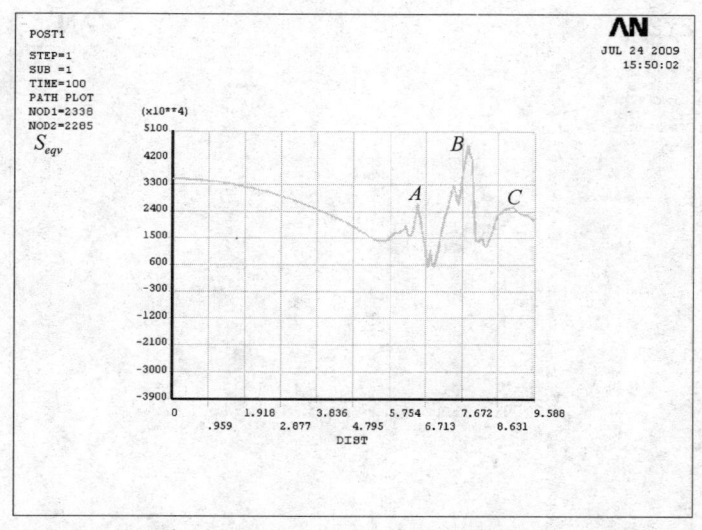

图 3-38 计算锥形端盖磨沿磨体底部外表面轮廓路径的当量应力

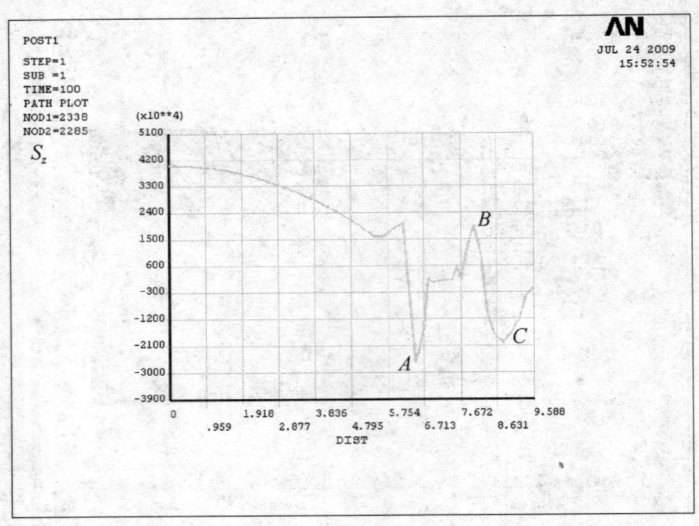

图 3-39　计算锥形端盖磨沿磨体底部外表面轮廓路径的轴向应力

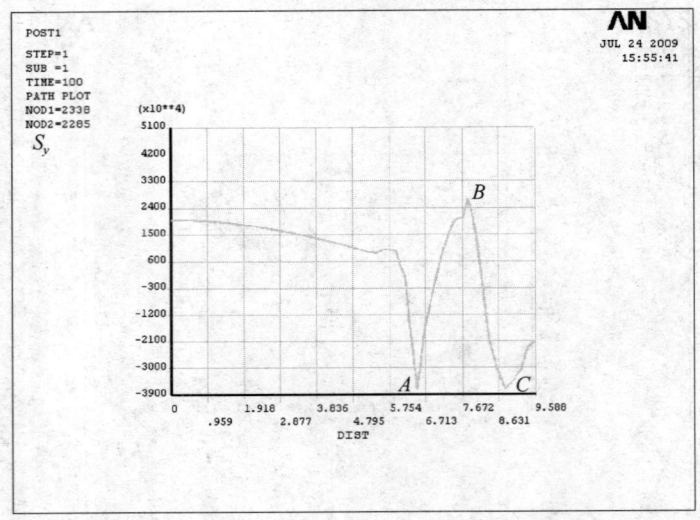

图 3-40　计算锥形端盖磨沿磨体底部外表面轮廓路径的环向应力

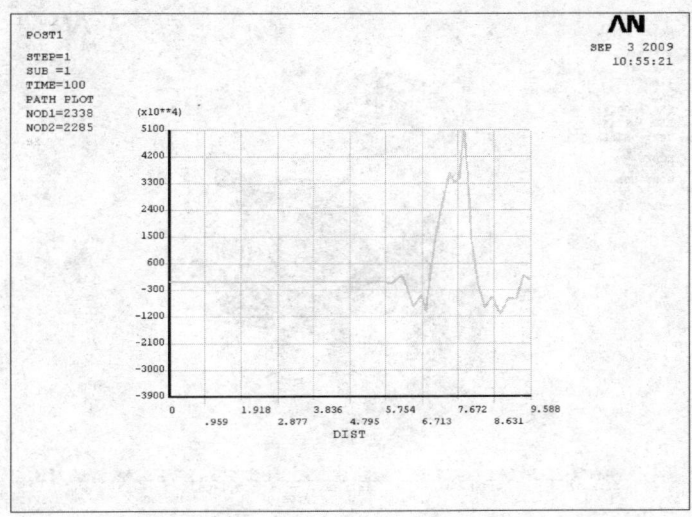

图 3-41　计算锥形端盖磨沿磨体底部外表面轮廓路径的径向应力

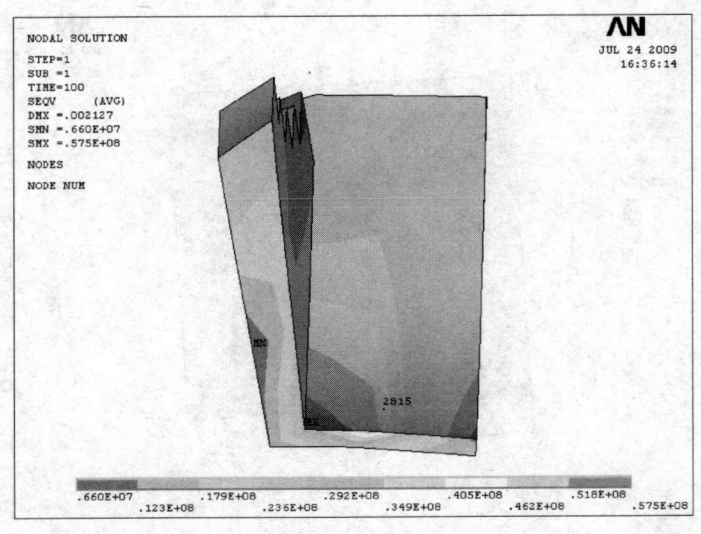

图 3-42　计算磨筒体与端盖连接区域的应力集中

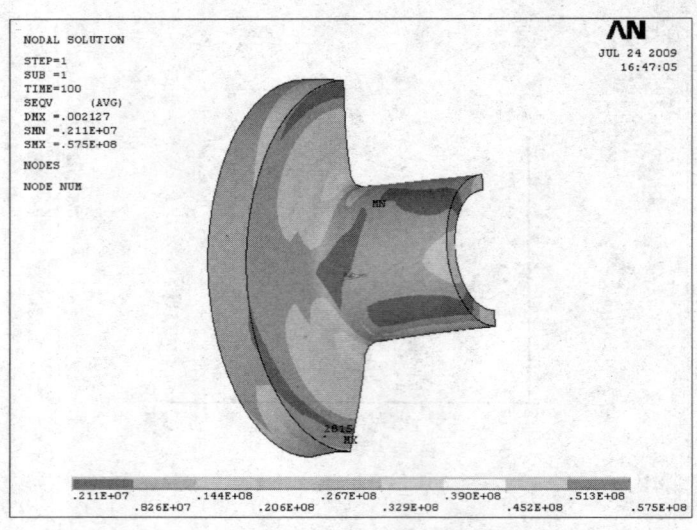

图 3-43 计算磨端盖与中空轴轴颈间圆角处的应力集中

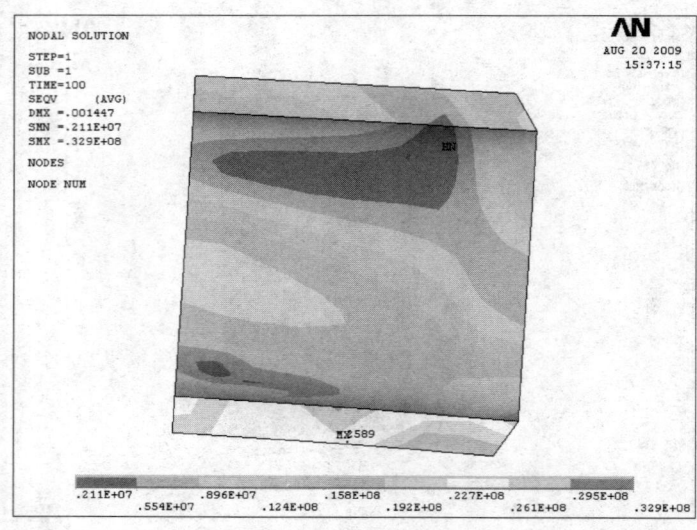

图 3-44 计算磨中空轴轴颈支反力作用区域应力尖峰

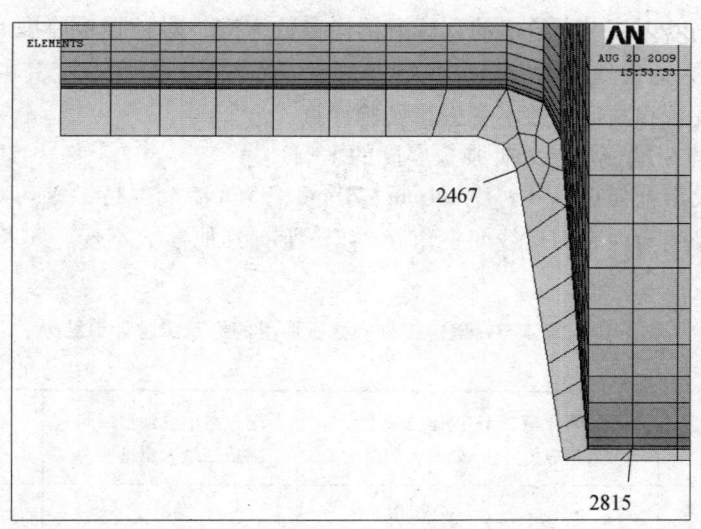

图 3-45 端盖与筒体间环带最低点的应力尖峰节点 2815 位置和中空轴轴颈间圆角处应力尖峰节点 2467 位置

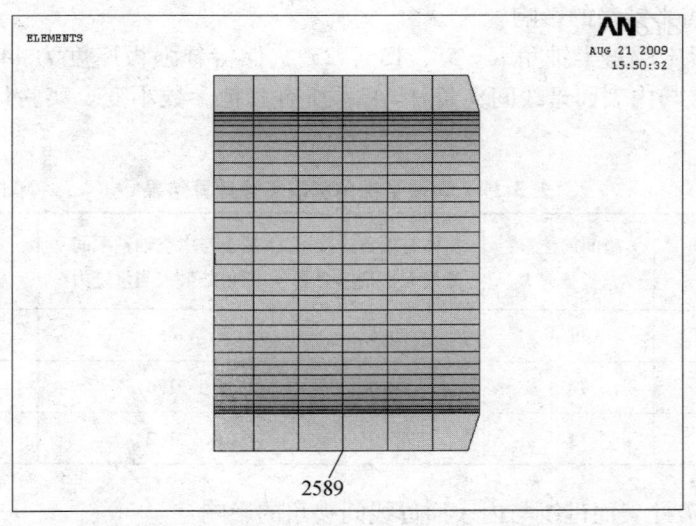

图 3-46 中空轴轴颈区域最大当量应力节点 2589 位置

3.2.4 结构参数对应力的影响

我们仍以3.2.1中给出的计算磨结构参数为准,对补强板厚度 t_2,半锥角 α,端盖外表面母线与内表面母线间夹角 θ 三个参数,分别改变其中一个,其余两个以及所有其他参数不变进行实验计算。

1. 筒体与端盖连接处补强板厚度的影响

分别设定补强板厚度 t_2 为44mm、70mm、95mm,而保持半锥角 $\alpha=5°$,端盖外表面母线与内表面母线间夹角 $\theta=4°$,所有其他参数不变。实验计算结果见表3-16。

表3-16 筒体与端盖连接处补强板厚度的影响实验计算结果

单位:MPa

补强板厚度 (mm)	跨间筒体最 大当量应力	筒体与端盖连接 处最大当量应力	端盖与中空轴轴颈间 圆角处最大当量应力	中空轴轴 颈处应力
44	36.3	50.1	46	32.9
70	36.2	42.6	41.2	33.3
95	36.1	35.6	40.3	33.5

2. 端盖半锥角的影响

分别设定端盖半锥角 $\alpha=5°$、$15°$、$25°$,保持补强板厚度为44mm,端盖外表面母线与内表面母线间夹角 $\theta=4°$,所有其他参数不变。实验计算结果见表3-17。

表3-17 端盖半锥角影响实验计算结果

单位:MPa

端盖半锥角 (°)	跨间筒体最 大当量应力	筒体与端盖连接 处最大当量应力	端盖与中空轴轴颈间 圆角处最大当量应力	中空轴轴 颈处应力
5	36.3	50.1	46	32.9
15	37.5	49.0	31.6	33.4
25	38.8	45.9	21.2	33.4

3. 端盖外表面母线与内表面母线间夹角的影响

分别设定端盖外表面母线与内表面母线间夹角 $\theta=4°$、$6°$、$8°$,保持补强板厚度为44mm,端盖半锥角 $\alpha=5°$,所有其他参数不变。实验计算结果见表3-18。

表 3-18 端盖外表面母线与内表面母线间夹角的影响实验计算结果

单位：MPa

端盖外表面母线与内表面母线间夹角（°）	跨间筒体最大当量应力	筒体与端盖连接处最大当量应力	端盖与中空轴轴颈间圆角处最大当量应力	中空轴轴颈处应力
4	36.3	50.1	46	32.9
6	36.4	45.5	32.6	33.5
8	38.8	41.6	28.2	34.2

由以上实验计算可以得出以下结论：

（1）筒体与端盖连接处的补强板加厚对抑制该处的应力尖峰作用明显。实验计算 1 中当补强板厚 44mm（即该处筒体厚度等于跨间筒体厚度，实际上相当于没有补强板）时，筒体与端盖连接处最大当量应力达 50.1MPa。而补强板厚度为 95mm 时，这个应力降至 35.6MPa。另外，补强板厚度对其他峰值应力影响不大。

（2）端盖半锥角增大缓和了中空轴轴颈与端盖间和端盖与筒体间的结构刚度的突然变化，使这两个过渡处的应力峰值下降，特别是使中空轴轴颈与端盖间和端盖间圆角处的应力峰值下降尤为明显。

（3）加大端盖外表面母线与内表面母线间夹角，也缓和了中空轴轴颈与端盖间和端盖与筒体间的结构刚度的突然变化，同时还增加了端盖与中空轴轴颈间过渡处的厚度。

（4）上面三个实验计算参数的变化，对中空轴轴颈区域的峰值应力影响不大。

（5）锥形端盖磨较之普通（平端盖）中空轴磨，因其端盖倾斜、跨距加大，使跨距中点横截面最低点的跨间最大当量应力稍有加大。而且，该最大当量应力随半锥角增大而稍有增大。ϕ4.2m 普通中空轴磨跨距中点的最大当量应力约 35MPa，而这里同规格的锥形端盖磨当半锥角为 5°时，跨距中点的最大当量应力约 36MPa 以上，半锥角为 25°时，上升到近 39MPa。另外跨间最大当量应力不受补强板厚度和端盖外表面母线与内表面母线间夹角的影响。

参考文献

[1] 江旭昌，王仲春，等．管磨机［M］．北京：中国建材工业出版社，1992.

[2] 华东水利学院．弹性力学问题的有限单元法（修订版）［M］．北京：中国水利电力出版社，1978.

[3] W 弗留盖著．薛振东等译．壳体中的应力［M］．北京：中国建筑工业出版社，1965.

[4] 李建森．磨机筒体有限元计算［J］．水泥技术，1988（5）.

[5] 李建森．管磨机磨体有限元应力分析［J］．水泥技术，2004（2）.

[6] 许灏，邱宣怀，等．机械设计手册［M］．北京．机械工业出版社，1991.

[7] 任辉启．ANSYS7.0 工程分析实例详解［M］．北京：人民邮电出版社，2003.